# 国有林场发展和管理标准化研究

◎ 翟洪波 等 编著

中国农业科学技术出版社

**图书在版编目（CIP）数据**

国有林场发展和管理标准化研究／翟洪波等编著．—北京：中国农业科学技术出版社，2019.4

ISBN 978-7-5116-4084-0

Ⅰ.①国… Ⅱ.①翟… Ⅲ.①国营林场–经济发展–研究–中国 Ⅳ.①F326.2

中国版本图书馆 CIP 数据核字（2019）第 052569 号

| | |
|---|---|
| **责任编辑** | 崔改泵 |
| **责任校对** | 贾海霞 |

| | |
|---|---|
| **出 版 者** | 中国农业科学技术出版社 |
| | 北京市中关村南大街 12 号　邮编：100081 |
| **电　　话** | （010）82109194（编辑室）　（010）82109702（发行部） |
| | （010）82109709（读者服务部） |
| **传　　真** | （010）82106650 |
| **网　　址** | http://www.castp.cn |
| **经 销 者** | 各地新华书店 |
| **印 刷 者** | 北京建宏印刷有限公司 |
| **开　　本** | 850mm×1 168mm　1/32 |
| **印　　张** | 4.125 |
| **字　　数** | 103 千字 |
| **版　　次** | 2019 年 4 月第 1 版　2019 年 4 月第 1 次印刷 |
| **定　　价** | 50.00 元 |

# 《国有林场发展和管理标准化研究》
# 编著名单

**主编著**　翟洪波

**编著者**　翟洪波　魏晓霞　刘桂红　王金香
　　　　　李　怡　宁攸凉　么永生　王　蒨
　　　　　马成功　姜建军

**审　稿**　鲁　德　隗合飞　余　雁

# 前　言

根据 2015 年中共中央、国务院印发的《国有林场改革方案》，我国国有林场改革已全面展开。国有林场改革任务完成后，我国国有林场向何处去？如何确定国有林场下一步的发展目标和发展思路？这些问题的研究和解决事关我国生态安全，对我国经济和社会可持续发展具有重要的战略意义。

正是在这一背景下，受原国家林业局国有林场和林木种苗工作总站（现国家林业和草原局国有林场和种苗管理司）委托，以翟洪波教授为组长的研究团队开展了国有林场发展和管理标准化研究。本书阐述了该团队共同努力的研究成果。

本研究对国外国有林管理和中国国有林场管理进行了梳理；对国有林场的现状进行了分析，总结了取得的主要成绩、主要做法和经验、存在的问题和困难；在此基础上对国有林场进行了 SWOT 分析，对国有林场发展趋势进行了总体研判；建立了对国有林场进行定量评价的指标体系；根据分区施策、分类实施的原则初步设定了近期（2025 年）和远期（2035 年）国有林场的发展目标，并探讨了实现这些目标的具体路径和典型模式。

本书是对我国国有林场未来发展顶层设计的重要支持与参考，对下一步开展全国国有林场中长期发展规划编制工作具有重要参考价值。

在此，项目研究团队对给予帮助和支持的各级领导、专家、工作人员表示衷心感谢，特别感谢原国家林业局国有林场和林木种苗工作总站的大力支持，在他们的全力支持下，研究工作才得以顺利开展。

由于水平所限，加之时间仓促，书中不足之处在所难免，敬请批评指正。

编著者

**2018 年 12 月**

# 目　　录

# 第一章

## 研究背景

# 一、国外国有林管理

根据联合国粮食及农业组织《全球森林资源评估 2015》，2010 年全球国有林占森林总面积之比相较 1990 年有下降趋势，但截至 2010 年仍占 70%。从区域看，欧洲以私有林为主，其余各洲以国有林为主；非洲、亚洲、欧洲、北美和中美洲国有林占比呈下降趋势，大洋洲和南美洲有所增加。目前，由国有部门或公共机构管理的森林资源的比重呈下降趋势，从 1990 年的 86% 下降为 2010 年的 66%，但仍为管理森林资源的主体。

从发达国家的国有林管理来看，主要有四种管理体制，分别是：

（1）以中央/联邦政府主导的垂直经营管理；

（2）以州/省政府为主的垂直经营管理；

（3）以州/省政府为主的分级协调经营管理；

（4）政府监督管理与企业经营相结合。

各国国有林管理体制主要是基于所有权而定，属于中央/联邦政府的由中央/联邦政府管理，属于州/省政府的由州/省政府管理，且遵循所有权和管理权限对应的原则，具体森林经营活动都不同程度引入市场机制。在管理机构设置上，各国均设立了专门的管理机构负责国有林的管护工作，且对国有林的具体管理职责和权限都有相关法律法规做出规定。在人事制度上，国有林的管理人员一般是公务员，而森林经营人员则实行企业化管理。在资金管理上，各国的国有林管理一般实行资金全额预算，实行收支两条线。

## （一）中央/联邦政府主导的垂直经营管理体制——美国

目前，发达国家对国有林采取垂直经营管理体制的居多，这种管理体制主要针对中央或联邦政府所有的国有林，一般联邦政府农林部门中会设立专门的林务局管理全国国有林，然后根据国有林的面积和区域特征进行分区，再逐级设立相对应的国有林管理机构。

中央/联邦政府主导的垂直经营管理体制以美国最为典型，美国对国有林实行五级垂直经营管理，包括联邦政府机构、大林区、林区、林业管理区以及营林区（刘克勇等，2018；原国家林业局森林资源管理司国有林区管理体制改革培训考察团，2012）。

第一级是联邦政府机构，包括农业部林务局、内政部土地管理局、渔业野生动物署、国家公园署等机构。农业部林务局的职能是经营管理国有林，其管理职能覆盖了国有林经营管理的方方面面，包括对国有林的生产、计划、财务、技术等实行全面管理。美国林务局下设大林区、林区、林业管理区及营林区四级机构，实行垂直领导经营管理。

第二级是大林区。美国将国有林划分为九大林区，负责各大林区森林的经营管理。大林区不受行政区划的限制，有的大林区包含十几个州的国有林，有的则只管辖1个州内的国有林。大林区的主要职能是对国有林的生产和发展进行宏观调控，拟定国有林生产发展方针和政策，做好调查规划、资源管理、森林保护等林业基础工作。美国大林区管辖范围一般在600万~800万公顷。

第三级是林区。每个大林区一般下设15~18个林区，全美共有155个林区，一般按州、县或国有林边界区划。林区负责辖区内国有林的经营管理并协调各营林区之间的工作，分配各营林区的财政预算，并提供相关的技术服务。美国林区的管理范围一般在20万~65万公顷。

第四级是林业管理区。林区下设林业管理区，独立进行经济核算，负责辖内各项任务的落实和实施。全美共有600多个林业管理区，每个林业管理区配备20人左右的不同专业的工作人员，管理3~6个营林区的林业生产计划和财务审批，并负责各项生产活动的监督和检查。

第五级是营林区。营林区是美国国有林经营管理最基层的单位，全美有近1 900个营林区，每个营林区有固定职工10人左右，管辖森林面积2万~12万公顷，主要任务是承担辖区内的国有林保护，造林，更新，林道建设和维护，森林游憩，野生动物栖息地经营管理等各项生产经营工作。

### （二）州/省政府为主体的垂直经营管理体制——德国

德国的国有林也是实行垂直经营管理体制。在德国，国有林占全国森林面积的34%，但德国联邦政府只占全国国有林面积的6%，其他国有林归州政府所有。因此，德国的垂直经营管理体制以州政府为主体。

德国实行四级经营管理制度，即联邦粮食农林部、州农林食品部、林业管理局以及林务局（林管区）四级。联邦粮食农林部是德国联邦林业的主管部门。各州仍设农林食品部，并下设林业管理局，林业管理局则下设林务局和林管区，林管区是最基层的林业管理机构。此外，在德国也有个别州没有设立林业管理局，在这些州实行三级经营管理（赴德国国有林保护和管理培训团，2015；刘勇等，2008；冯树清和谷振宾，2015）。

第一级是德国联邦政府组成机构中的农林食品部（林业司），主要负责全国林业总体方针、政策、法律的制定和监督实施；制定种苗标准，规划建设种源基地；协调各州和部门的关系；负责全国林业情况的统计和国际间林业交流。

第二级是州政府中的农林食品部，这一级是德国国有林经营管理体制中的重要权力机构和管理层次。各州的农林食品部主要负责监督联邦和州森林法的执行；经营归州政府所有的国有林；协调州内林业与其他行业和部门的关系等。

第三级是林业管理局，其管辖范围与地区的行政区域基本吻合，它是一个承上启下的层次，既负责将州农林部的各项计划、规定传达到所辖各林务局，监督指导下属各林务局的工作，协调本地区与其他地区间的林业关系，又负责将下属各林务局编制的年度计划、统计情况汇总上报州农林食品部。

第四级是林务局，这是德国国有林管理机构中最基层的一级。林务局全面负责辖区内国有林的经营管理，监督辖区内林业有关法律执行，统计辖区内林业生产情况，协调辖区内林业与其他行业和部门间的关系。为管理方便，林务局一般都在所辖区域内设立若干林管区，具体负责一定面积国有林的管理和经营。一般每个林务局管理面积约1万公顷。

### （三）州/省政府为主体的分级协调经营管理体制——加拿大

分级协调经营管理体制，主要是指联邦政府、各地方政府都分别设立林业经营管理部门，并依照法律赋予的权限对政府所有的公有林进行经营管理，与以美国为代表的中央/联邦政府主导的垂直经营管理体制不同，各级林业管理部门之间没有直接隶属关系，而是一种协调、合作伙伴关系，实施这种经营管理体制的国家一般建立一种协调会议机制来协调各方利益和权限，实现对公有林的经营管理（刘克勇，2018；陈文汇和刘俊昌，2012）。

加拿大联邦政府设自然资源部林务局，由计划、经营和信息部，政策、经济和产业部，科学和规划部等3个部门组成。联邦政府下属的10个省和3个地区分别设林业部或自然资源部林务局。各省林业主管部门的组织形式基本上是一致的，除不列颠—哥伦比亚省设林业部外，其余各省均由自然资源部的林务局进行管理。市级森林资源管理部门主要负责社区所有林的经营管理。

加拿大的联邦政府没有制定森林经营管理法律法规的权限，只能通过与各省协调后制定一些指导性法律法规。而国有林管理的法律、制度以及操作经营管理的相关规范等都由各省制定，加拿大联邦政府林业部门与省级政府林业部门和地方政府林业部门之间并无直接隶属管理关系，只是一种协调合作关系。加拿大林业部长联席会议（CCFM）就是这样一个协调机制。从1992年开始，加拿大林业部长联席会议领导制定了3个全国林业战略。同时，加拿大林业部长联席会议还是推动建立全国森林信息系统、全国森林清查、加拿大野火管理策略、可持续森林经营标准和指标的重要力量。

### （四）管理和经管分离的管理体制——日本

管理和经管分离的管理体制是指首先将国有林的管理作为国家公共事务的一部分，委托专门机构对国有林进行经营，专门机构实行垂直经营。管理和经管分离的管理体制以日本最为典型。国有林管理和经营分离是日本国有林改革后形成的一种管理体制（赴日本、韩国国有林管理考察团等，2015；谭学仁等，2012；张周忙等，2010）。

根据日本《国有林业法》《国有林业事业特别会计法》和《森林国营保险法》等法律，在日本中央政府层面设置农林水产省林野厅，然后根据国有林所在的山脉、水系、森林分布等自然条件和管理需要进行分区，在全国各个都道府县下设 7 个森林管理局，98 个森林管理署，每个森林管理署下设若干森林管理事务所，直接管理国有林。国有林系统管理机构和人员由林野厅统一配备，全部工作人员按公务员管理，负责森林保护，国有林经营基本计划、业务计划和地区施业计划的制订，经营监督以及部分治山工程。同时，国有林作为国民共有财产，国有林管理机构还负责行使森林资源资产国家所有者代表的职能，各项国有森林资源资产的流转必须按规定开展，必须依照市场规律要求进行严格的价值评估。具体资产流转作价方式，除在公有部门范围内进行流转的可以根据情况采取协商定价外，其他面向各类市场主体流转的资产，必须通过公开招投标的方式进行，以确保国有资产价值不出现流失和流转过程的公平公正。

造林、采伐、林道建设等各项直接生产活动一般都通过招标，委托给民间企业实施，由民间企业承包和雇佣社会劳力完成。同时积极推行"分成造林""分成育林"和"土地借出"制度，鼓励企业、团体和个人承包经营国有林，收益分成。

## （五）其他经营管理体制

除了上述 4 种主要的国有林经营管理体制外，全球范围内还存在一些其他形式的国有林经营管理体制，如政府监督下的社区经营管理体制、三权分离的管理体制和政府指导下的国有林业公司经营管理体制等。

政府监督下的社区经营管理体制，以印度为代表。印度国有林约占全国森林的 96%，1988 年印度出台了《1988 年国家森林政策》，把大约 1 700 万公顷的国有林划拨给社区进行经营管理。这些社区通过联合森林管理机制获得了对国有林的有限用益权。在此机制下，当地社区可以利用森林资源满足日常生活需要。这种经营管理体制有效地促进了当地国有林森林植被恢复，并且促进了当地社区与政府之间的合作，但在该体制下，林地的经营和管理高度依赖财政资金，同时政府对林地经营管理保留了较大的控制权（吴守蓉和张臻，2015）。

行政权、管理权和经营权三权分离的管理体制，以新西兰最为典型。新西兰林地所有权主要有国有、毛利人所有、公有和私有 4 种，而人工林经营主体为国有注册公司，占 47%。20 世纪 80 年代之前，林务局是唯一管理、监督、经营国有林的机构。1985 年之后，新西兰林务局一分为三，成立新的机构并分别履行林业政策制定职能、国有林经营职能和国有林管理职能：政策研究和制定等行政权由农林部行使；国有林经营，主要是国有人工林的经营由 1987 年组建的新西兰林业公司负责；国有林管理则由自然资源保护部负责（何友均和李智勇，2006）。

政府指导下的国有林业公司经营管理体制，以芬兰最为突出。芬兰国有林经营和管理都由芬兰唯一的林业国有公司负责，其中对国有林的经营主要在农林部下达的计划内进行，每年与农林部签订目标责任合同，并完成相关任务。对国有林的管理则在环境部指导下进行，由环境部提供事业经费（原国家林业局林业培训交流与国有林管理考察团，2011）。

## 二、中国国有林场管理

中国国有林场是新中国成立初期，国家为加快森林资源培育，保护和改善生态，在重点生态脆弱地区和大面积集中连片的国有荒山荒地上，采取国家投资的方式建立起来的专门从事营造林和森林管护的林业事业单位。国有林场的管理体制从1949年至今大致可分为5个阶段。

## （一）初步建立阶段（1949—1966年）

1949年，新中国成立后，新中国政府接管了旧中国各级政府、教育界、资本家办的林场（公司、农林牧试验场、苗圃）50多处，后都改为国有林场。为加快新中国林业发展，提高国有林业比重，国家在国有宜林荒山面积较大的无林少林地区陆续试办了一批以造林为主的国有林场，同时，在天然次生林区建立了一批护林站、森林抚育站、森林经营所。20世纪50年代中期前后，各地在试办的基础上，兴办了新中国第一批国有林场。到1957年年底，全国共建立国有林场1 387处。通过新建试办，为后来国有林场的发展积累了经验。1958年4月，中共中央、国务院颁发《关于在全国大规模造林的指示》，各地掀起了大建国营林场的高潮。

1963年，林业部明确提出了国营林场实行"以林为主，林副结合，综合经营，永续作业"的经营方针。林业部成立了国营林场管理总局，将32处国营林场改为实验林场由部省双重领导，5处机械造林林场由林业部直接管辖。各省（区、市）也普遍建立了国营林场管理机构。到1965年年底，全国国营林场达到3 564处，经营面积达到10.1亿亩（15亩＝1公顷。全书同）（原国家林业局，2013）。

## （二）停滞萎缩阶段（1966—1976年）

1966—1976年，"文化大革命"10年动乱期间，林业部国营林场总局被撤销，各省（区、市）的国营林场管理机构均被撤并，83%的国营林场被下放到县、公社或大队。加上管理秩序混乱，随意侵占国有林地、偷砍滥伐国有林木之风盛行，致使国营林场经营面积缩小，有林地面积和森林蓄积量锐减，山林权属纠纷剧增。到 1976 年，国有林场经营总面积萎缩到 6.94 亿亩，其中森林面积 3.45 亿亩、森林蓄积量 10.46 亿立方米，分别比 1965 年减少 32.03%、21.05% 和 43.79%，损失惨重（闫平，2018）。

### （三）恢复稳定阶段（1976—1997 年）

1978 年，党的十一届三中全会以后，通过拨乱反正，实行改革开放，国有林场扭转了长达 10 年的动荡混乱局面，逐步恢复并进入了稳定发展的新时期。国家颁布了《森林法》，为国有林场健康发展提供了法制保障，并逐步形成了省、地、县三级管理的国营林场体系格局。同时，国家和各级政府制定了许多优惠政策，为国有林场发展创造了比较宽松的外部环境，国有林场规模和经济实力都得到了恢复发展。

20 世纪 80 年代中期之后，国有林场开始全面推行场长负责制，确立国有林场场长在生产、经营、管理中的中心地位，以实现责任和权力的统一。同时，建立了多种形式的承包经营责任制，使责、权、利有机结合起来，以调动广大职工的积极性；缩小经济核算单位，推行一级管理两级核算或两级管理三级核算，以提高经济效益。在此期间，国家提出了国有林场实行"以林为主，多种经营，综合利用，以短养长"的办场方针，许多林场充分利用自身资源优势，广开生产门路，兴办多种产业，改变了长期以来主要是单一营林生产的格局，并取得了较好的经济效益，收入显著增加，经济实力明显增强（李建锋和郝明，2008）。

## （四）困难加剧阶段（1997—2003 年）

1997 年之后，随着市场经济的不断完善和林业工作指导思想的转变以及相关政策的调整，国有林场原有的发展方向、目标、任务已不能适应新形势发展的要求。以生态建设为主的林业发展战略开始实施，因采取了禁伐限伐政策，不少国有林场木材产量大幅度调减，收入明显减少，木材加工类项目受到制约，富余职工增加，待岗下岗人员占职工总数的一半以上，同时，长期积累的管理体制不顺、经营机制不活、相关配套政策跟不上等根本性问题逐步显露出来，林场发展面临的困难加剧（原国家林业局，2013）。为此，中央财政从 1997 年开始安排国有林场扶贫专项资金，帮助国有林场解决面临的经济困难。

面对整个林业行业的亏损，国有林场围绕加强内部管理、转变经营机制、适应市场经济体制的要求，开始了管理体制改革。一是推进人事、劳动和分配制度改革。在人事制度中，打破干部与普通职工的界限，推行聘用制度；在劳动制度中，实行全部职工签订劳动合同制度；在分配制度中，实行多种形式的按效率分配，根据效率优先，兼顾公平的原则，实行按劳分配。二是加强内部管理，转变运行机制。按照精简高效的原则，从生产经营的各个方面，合理设置内部管理机构，压缩非生产人员，建立和完善各种岗位责任制、生产责任制和经济责任制，形成有效的竞争机制、激励机制和约束机制，提高管理水平和管理效率。三是大力发展职工家庭个体经济。由国有林场创造条件，提供优惠政策，允许和鼓励职工发展种养殖和小规模加工项目，增加职工收入。通过上述改革，国有林场的内部管理得到加强，经营机制得到明显改善。然而，随着市场竞争的日趋激烈，国有林场初级产品的市场竞争力下降，经济效益下降，林场经济危困局面开始显现（李建锋和郝明，2008）。

### （五）改革推进时期（2003 年至今）

2003 年，中共中央国务院下发了《关于加快林业发展的决定》（中发〔2003〕9 号），特别是 2010 年国务院第 111 次常务会议对国有林场改革进行了明确部署。原国家林业局会同国家发改委、财政部等部门开展了大量的调查研究，启动了国有林场改革试点工作。同时，全国各地不等不靠，充分结合本地实际，在国有林场改革方面做了大量的探索，积累了一定的经验，不少林场通过改革理顺了体制，激活了机制，加强了管理，初步扭转了长期贫困落后的局面（原国家林业局，2013）。

经过近 70 年的建设，截至 2017 年，全国共有国有林场 4 855 个，分布在 31 个省（区、市）的 1 600 多个县（市、旗、区），管护着全国近 1/3 的林地以及生长于其上的国有森林资源，是我国林业生态体系的核心部分。全国国有林场现有职工 75 万人，其中在职职工 48 万人，离退休职工 27 万人。

中国国有林场按行政隶属来分，分为省属、地市属及县属国有林场，其中，省属国有林场有 451 个，约占全国国有林场总数的 10%；地市属国有林场有 676 个，约占 15%；县属国有林场有 3 380 个，约占 75%。国有林场按经营对象分，则可以划分为用材林林场、防护林林场、经济林林场以及风景林场等。按预算体制划分，可分为生态公益型林场和商品经营型林场。

2018 年后，由国家林业和草原局负责全国国有林场的管理工作，具体工作由其国有林场和种苗管理司负责。县级以上地方人民政府林业主管部门按照行政隶属关系，负责所属国有林场管理工作，具体工作由其国有林场管理机构负责。跨地（市）、县（市、旗、区）的国有林场，由所跨地区共同上一级林业主管部门负责管理。

各级国有林场管理机构的主要职责包括拟定、贯彻、实施国有林场相关法律、法规；协调编制国有林场发展规划；组织编制并会同资源管理部门审批国有林场森林经营方案和国有林场森林采伐、抚育作业设计；审核国有林场的设立、变更、分立、合并、撤销等事项；受委托对国有林场森林资源资产进行监管；受委托对国有林场森林资源资产评估进行核准或备案；指导和检查考核国有林场生产经营活动等（原国家林业局，2011）。

## 三、国有林场发展和管理标准化研究进展

### （一）国有林场发展研究

学界对于国有林场发展的研究主要集中在国有林场改革、产业发展、森林资源保护与培育、林场民生等领域。

#### 1. 国有林场改革研究

我国的专家学者认为我国国有林场改革发展存在如下问题：一是管理体制不顺，林场权益受损；二是职工待遇较低，社保无法办理；三是政策界定不清，职工身份不明；四是基础设施落后，制约林场发展；五是国家投入不足，债务包袱沉重（刘佳和支玲，2013）。王春风等（2015）认为面对当前国有林场发展的诸多问题，国有林场的管理体制到了非改不可的阶段。田明华等（2008）认为国有林场事业化管理体制和经营机制是制约国有林场可持续发展的重要原因，并且生态建设不是国有林场事业化的理由，多元化发展混业经营使国有林场难以事业化，国有林场事业化也面临诸多体制难题，进而提出企业化才是国有林场改革与发展的方向。严青珊等（2014）则提出

了更为具体的思路，建议国有林场实行全面分区垂直管理体系、所有权和管理权分离、管理和经营分离。闫平（2018）认为目前国有林场改革已经取得不少成绩，如试点省份通过大胆探索和实践，理顺了适应当今发展的国有林场管理体制机制，完善了基础设施建设等方面的支持政策。同时，国有林场改革下一步应该着力完善公益林管护机制，健全森林资源监管体制，推进国有林场政事、政企分开，健全职工转移就业机制和社会保障体制，完善国有林场改革发展的政策支持体系等。

### 2. 国有林场产业发展研究

涂琼等（2017）认为目前国有林场普遍存在产业发展活力不强，产业结构不平衡，产品产销体系不健全等问题。周旭昌（2014）认为国有林场存在的主要问题在于国有林场缺少项目大额资金来源，导致产品只是初级原材料，产业链条短，使得产品附加值低，产品缺乏竞争力。李茗（2013）认为国有林场产业结构单一，木材销售是国有林场的主要经济来源，在木材市场逐渐疲软以及可采伐资源减少的影响下，导致不少林场面临发展困境。丁娜（2016）等通过对全国 25 个省（区、市）590 个国有林场的场长进行问卷调查，发现在全面停伐后，国有林场的后续产业发展较为薄弱，收入占比小且结构比较单一，同时发现国有林场后续产业的开展受到交通条件、预期收益、管理层级、森林面积和财政支持等因素影响。王伟等（2010）通过分析全国国有林场的发展现状，提出了国有林场产业发展的主要趋势：由单一林木生产变为多种资源开发利用；依托国有林场建设森林公园，开发森林旅游；发展职工自营经济。

### 3. 国有林场森林资源保护与培育研究

李烨（2015）通过 DPSR 框架模型和层次分析法评价了我国 31 个省（区、市）2009—2013 年的国有林场森林资源经营管理行为，认为国有林场营林生产行为能力在不断增强，生态保护行为能力呈波动状上升趋势。李婷婷等（2016）指出虽然国有林场森林资源保护和培育面临约束因素，但随着国有林场改革的深入，从国家层面到地方层面，将逐步理顺与完善林业经营管理的相关政策和制度，增加资金支持，国有林场森林资源保护和培育迎来了新的机遇。邱加荣（2007）针对目前国有林场森林资源保护方面存在的林地被侵占、林木被盗被砍等问题，提出了设置森林资源管理机构，加大林业法规宣传力度，建立岗位目标责任制，出台国有林场林地林木资源破坏严打相关制度，加强森林防火体系建设，严防林业有害生物入侵等思路。

### 4. 国有林场民生研究

中国农林水利工会通过对河北、江西、山东、广西、甘肃等省区的国有林场职工生产生活状况的调研发现，部分林场职工生产生活陷入贫困落后的严重境地，并已经成为整个社会最边缘化和最弱势的群体之一，亟须得到国家政策的支持（中国农林水利工会全国委员会调查组，2013）。刘敏和姚顺波（2012）通过协整检验、相关分析和回归分析得出了国有林场事业化改革短期内可暂时解决林场职工工资危困，但地方政府、林场职工、国有林场 3 个利益层长期都会受到不同程度损失的结论。蒋莉莉和陈文汇（2014）通过对江西省国有林场职工进行问卷调研的分析，认为当地职工生活的满意度普遍较低，而且主要是受职工家庭户均年收入、林场是否组织培训、林场与职工关系、是否感到压力这几个因素的影响，并提出提高职工收入、增加困难职工补贴及加强职工培训等建议。易爱军（2011）认为国有林场职工贫困的主要影响因素是教育培训因素和森林资源因素，建议国有林场逐步完善人事、劳动和分配制度，优化产业结构，并大力加强职工培训。

### （二）林业标准化研究

标准化产生于人类社会发展的进程中，是人类社会实践的产物。早在战国时期，就有记录标准化思想的文字。从古代标准化到近代标准化，再到现代标准化，标准化随着生产活动的产生而产生，随着生产力的发展而发展。它既受不同历史时期社会生产力水平的制约，也为生产力的发展创造条件、开辟道路。一方面科学技术和经济发展是标准化向前发展的动力，另一方面标准化又是经济和科学技术发展必不可少的基础。目前，标准化已渗透到经济、文化、科学、国防和社会生活等方方面面，林业也不例外。

我国林业标准化工作始于 1952 年。自 1979 年原林业部科技司成立标准处以后，我国各级政府对林业标准化工作越来越重视（刘庆新等，2018）。

2015 年，原国家林业局出台《国家林业局关于进一步加强林业标准化工作的意见》，该意见明确指出，要加快推进"自然保护区、国有林场、林业基层站所建设方面的标准制修订，建立统一完备、相互协调、科学规范的管理和服务标准体系"。《国家林业局明确 2018 年工作要点》也明确指出，"推进林业工作站、木材检查站、科技推广站等基层站所标准化规范化建设"。

林业标准化工作是实现林业技术全球化，林业建设工程化，林业产业集约化、专业化、规模化的重要基础性工作，对促进我国林业又好又快发展，建设生态文明，起着重要的技术与政策支撑作用。

我国林业标准化研究起步较早，自 1960 年开始有学者开始林业标准化研究，21 世纪进入研究高潮，特别是 2011 年之后，年度发表研究文献 50 篇以上。截至 2018 年 9 月，已有 957 篇有关林业标准化的研究文献。在这 957 篇研究文献中，涉及的主要学科有农业经济、林业、宏观经济管理与可持续发展等学科，涉及的主要关键词有标准化、林业、林业标准化、标准体系等（王志鹏，2018）。

当前，对于林业标准化的研究方兴未艾。孟杰（2012）分析了林业标准化体系结构，认为林业标准、体系依据标准类别可以分为质量标准、岗位规范、技术规程、基础标准；依据林业工作过程，分为营林标准、森林保护标准、森林工业标准、林业管理标准；依据森林产出产品，可以分为森林环境标准、木材产品标准、森林化工产品标准、森林食品药品标准、林业机械器具标准。张国庆（2012）则论述了生态优先原理、功能多样性原理、生物性原理及生态补偿原理 4 个林业标准化原理。高玉东（2014）论述了林业标准化的意义和作用，森林经理在林业标准化中起到的作用及其未来发展，并探讨了森林经理与林业标准化的关系。陈燕申和陈思凯（2017）分析了美国联邦政府两个主要标准化法规所涉及的政策和措施，提出我国应建立以推荐性标准为主体，以及技术法规为主导的标准化改革方向。

目前，我国林业标准化还存在不同标准之间不能有效配合和及时沟通；对林业标准化的重要性认识不足；缺乏林业标准实施的监督机制；缺乏林产品进入市场前的检测和认证机制；

林业标准化研究资金投入小；对林业标准化体系的原理、建设研究不足；现有标准推广力度不够；标准实施效果差以及林业标准数据库不完善等问题（李茜玲和彭祚登，2012）。

我国学者根据发达国家林业标准化的发展趋势及我国林业标准化的现状，提出了完善林业工程建设的标准体系；重视对林业工程建设标准的预测和研究；建立健全林业工程标准化工作制度；完善林业标准数据库，增加人员培训以及加大标准研究投入等政策建议（白兆超，2013；王雨和李忠魁，2018）。

### （三）国有林场管理标准化研究

目前，有关中国国有林场的研究主要集中在国有林场的财务管理、人力资源管理、森林资源管理、国有林场改革等几个方面（刘佳和支玲，2013），国有林场的管理标准化作为一项新兴管理方式，国内对其研究几乎是空白。

笔者认为，国有林场标准化管理可以分为国有林场设备设施标准化、国有林场护林队伍标准化以及国有林场信息网络标准化等方面。国有林场实施管理标准化的目标是有效提升国有林场治理水平，推动国有林场管理转型升级，为建设现代化国有林场奠定坚实基础。

# 第二章

## 国有林场现状分析

# 一、取得的主要成绩

## （一）国有林场改革成效明显

2015 年 3 月 17 日，中共中央、国务院印发《国有林场改革方案》，我国国有林场改革全面展开。截至 2018 年 5 月，31 个省（区、市）国有林场改革实施方案全部通过国家国有林场改革工作小组的审批，28 个省（区、市）完成了市县改革方案审批，23 个省（区、市）完成市县改革方案印发。3 776 个国有林场基本完成了改革任务，占全国 4 855 个国有林场的 77%。辽宁、安徽、海南、青海 4 个省率先完成了改革自验收工作。

国有林场属性界定也超过了预期，截至 2018 年 5 月，完成改革的 3 776 个林场中 3 618 个定为公益性事业单位，占全国国有林场总数的 95.8%。国有林场事业编制由 40 万人将减少到 21.7 万人左右，较改革前精简 45.8%，发展活力明显增强（程红，2018）。

## （二）森林资源保护与培育效果显著

截至 2015 年年底，全国国有林场经营面积 0.76 亿公顷，其中林业用地面积 0.58 亿公顷，森林面积 0.45 亿公顷，森林蓄积量 23.4 亿立方米，分别约占全国林业用地面积、森林面积和森林蓄积量的 19%、23% 和 17%；宜林地面积 0.05 亿公顷。国有林场中幼林面积 0.27 亿公顷，占森林面积的 60%。

截至 2015 年年底，全国国有林场公益林面积 0.41 亿公顷，其中：国家重点公益林 0.27 亿公顷，占林业用地面积的 47%；地方公益林面积 0.14 亿公顷，占林业用地面积的 24%；商品林面积 0.07 亿公顷，占林业用地面积的 12%。林业用地面积中公益林与商品林面积合计 0.48 亿公顷，占林业用地面积的 83%（原国家林业局，2015）。

截至 2016 年年底，全国国有林场全面停止了天然林商业性采伐，每年减少天然林消耗 556 万立方米，占国有林场年采伐量的 50%（原国家林业局，2017）。一些省区采取立法、林地落界确权、出台监管办法、强化国有林场管理机构建设等措施加强森林资源监管。

此外，原国家林业局场圃总站启动了国有林场森林经营（培育）方案编制和实施工作，截至 2015 年年底，全国 4 855 个国有林场中已经完成森林经营方案编制的有 2 383 个，约占国有林场总数的 49%。其中，国有林场森林经营方案完成率最高的为辽宁省、福建省、湖南省、重庆市、新疆维吾尔自治区和中国林业科学研究院，完成率为 100%；其次是黑龙江省完成率 99.5%、山东省完成率 97.4%、浙江省完成率 91%、河南省完成率 88.3% 等（原国家林业局，2015）。

### （三）基础设施建设逐步改善

截至 2013 年年底，我国国有林场拥有办公用房 681.3 万平方米，其中危房 216.4 万平方米，占林场办公用房的 31.8%；生产用房 679.2 万平方米，其中危房 276.9 万平方米，占林场生产用房的 40.8%；职工住宅用房统计 2 955.8 万平方米，其中危房 810.6 万平方米，占职工住宅生活用房的 27.4%。2015 年，全国国有林场新建和维修改造林场场部、分场、管护站所危旧房面积 18.4 万平方米（原国家林业局，2015）。

截至 2013 年，全国国有林场现有等级公路 5.6 万公里（1 公里 = 1 千米。全书同），平均 11.5 公里/林场；林区公路 15.4 万公里，平均 31.7 公里/林场；林道 27.7 万公里，平均

57 公里/林场。2015 年，全国国有林场场区路面硬化 2. 2 万平方米（原国家林业局，2015）。

2015 年，原国家林业局通过积极协调财政部安排国有贫困林场扶贫资金 4. 2 亿元，帮助国有贫困林场完善生产生活条件，改善工作用房、安全饮水、通电、通讯、道路交通等基础设施落后问题（原国家林业局，2015）。

### （四）国有林场民生改善成效明显

截至 2018 年 5 月，我国落实国有贫困林场扶贫资金 5. 5 亿元，支持了 765 个国有贫困林场实施扶贫项目。浙江、河北、山西、内蒙古、山东、湖南、重庆、陕西等省（区）有 204 个林场脱贫，其中浙江省实现全部脱贫。通过扶贫新建和维修改造贫困林场场部、管护站点及职工危旧房面积 17. 6 万平方米，新建和维修林区道路 1 845 公里，新建和维修桥涵 25 座，打机井 74 眼，修建蓄水池 89 个，新建水质净化厂 1 座，铺设输水管道 101. 2 公里，解决饮水安全问题人数达 12 657 人，新建和改造输电线路 216 公里；营造经济林 1 099. 93 公顷，培育珍稀树种 136. 67 公顷，造林及低产林改造 1 135 公顷，毛竹低产林改造 1 236. 67 公顷，新建设和改造苗圃 859. 67 公顷，发展林下种植业 85. 33 公顷；培训林场干部和技术人数、在职职工人数和离退休人数的 85%，69% 和 67%。目前，已累计改造完成国有林场职工危旧房 54. 4 万户。完成改革的林场职工平均工资达到 4. 5 万元，比改革前提高了 80%。截至 2018 年 5 月，职工基本养老保险、基本医疗保险参保率分别为 88%、90%，9. 4 万富余职工得到妥善安置（程红，2018）。

## （五）产业发展有新增长点

我国国有林场营业总成本和总收入在近年总体都呈上升趋势。2015 年，国有林场营业总收入 157.19 亿元，比 2014 年减少 23.81 亿元；营业总成本 205.68 亿元，比 2014 年减少 10.82 亿元。营业外净收入 6.88 亿元，比上年增加 0.98 亿元。承包户上交净收入 9.16 亿元，比上年减少 1.44 亿元。补贴收入 36.58 亿元，比上年增加 9.48 亿元。2015 年全国国有林场实现净利润 5.05 亿元，比上年减少 2.95 亿元。

2015 年，国有林场全年营业利润 49.43 亿元（剔除营业总成本中管理费、财务费等期间费用后的产品或行业销售利润），比上年增加 7.2 亿元。营业收入中全年种植业总收入 95.94 亿元，占国有林场营业总收入的 61.03%，营业利润 35.6 亿元，占总营业利润的 72.02%，是国有林场营业收入的主要组成部分。此外，非林木产业发展较快，经济效益开始显现，实现营业收入 40.52 亿元，比上年减少 4.2 亿元，占林场总收入的 25.78%，成为国有林场产业发展的新增长点；实现营业利润 13.42 亿元，比上年增加 0.45 亿元，占营业利润的 27.15%（原国家林业局，2015）。

## （六）改革支持政策相继出台

到 2018 年 5 月，中央改革补助资金已累计安排 147 亿元，金融债务化解意见、国有林场财务制度、国有林场改革验收办法等已出台或施行。国有林场道路建设指导意见即将印发，中央将投资 107 亿元，解决 1.6 万公里的通场部硬化路和 1 300 公里的外连路。管护用房建设试点已在内蒙古、江西和广西 3 个省（区）展开，2017—2019 年中央投资达 1.8 亿元，这是国有林场基础设施建设的重大突破（程红，2018）。

## （七）改革督查有力开展

国家国有林场林区改革工作小组组成联合督查组，先后对河北、黑龙江、江苏、山东、云南、陕西、新疆 7 个省（区）人民政府开展督查，推动了省级人民政府改革主体责任的落实，对河北等 24 个省（区、市）政府进行国有林场改革专项督察，对北京等 7 个省（区、市）采取调研督导、试点验收等方式进行督促检查，实现了国有林场改革督察督导全覆盖。国务院于 2017 年 12 月 11 日召开了全国国有林场林区改革推进会，内蒙古、黑龙江、江苏、甘肃等改革进展慢的四省（区）人民政府参加，会议明确要求增强"四个意识"，勇于改革攻坚。

## （八）塞罕坝精神广泛传播

2017 年，习近平总书记做出重要指示，明确要求全党全社会要坚持绿色发展理念，弘扬牢记使命、艰苦创业、绿色发展的塞罕坝精神。中宣部将塞罕坝林场作为生态文明建设的重大典型，组织开展了林业有史以来规格最高、影响最广的宣传活动。国家林业和草原局组织了塞罕坝精神宣讲团在人民大会堂和九个省作了宣讲，在全国上下掀起了学习宣传塞罕坝精神的热潮，彰显了林业特别是国有林场在生态文明建设中的地位。

# 二、 主要做法和经验

## （一）深化国有林场改革，理顺管理体制

### 1. 研究制定规划，印发实施方案

截至 2016 年，经过积极组织统筹，全国 31 个省（区、

市）国有林场改革实施方案全部通过国家国有林场改革工作小组的审批，此后，31 个省（区、市）党委和政府相继出台了省级改革实施方案。同时，还召开了国有林场改革启动会，推动国有林场改革（原国家林业局，2017）。

### 2. 国有林场改革督察督导全覆盖

截至 2016 年，按照中央深改组的统一部署，原国家林业局会同国家发改委联合中编办、民政部、财政部、人社部、国土部、交通部、水利部、银监会等八部委组成 16 个督察组，对河北等 24 个省（区、市）政府进行国有林场改革专项督察，对北京等 7 个省（区、市）采取调研督导、试点验收等方式进行督促检查，实现了国有林场改革督察督导全覆盖（原国家林业局，2017），营造了党中央、国务院高度重视国有林场改革，狠抓改革落实的浓厚氛围，引起了各省级政府高度重视，有效推动了改革主体责任落实和进程。

### 3. 解决历史包袱，财政补助经费

国有林管理机构和国有林场能用足、用好国家和地方政府的各项政策支持，如国有林场改革补助、森林生态效益补偿、良种培育、造林和森林抚育补贴等林业补助资金及天保工程二期，多渠道筹集资金偿还国有林场的金融性债务、公益性事业欠款及国有林场拖欠的社会统筹经费等。

### （二）强化森林抚育管理，积极培育高质量森林

国有林场在为经济社会发展提供林木产品的同时，也要满足经济社会发展对林木产品的需求。因此，在发展林业产业的同时，也在着力加强森林培育，实现了林业产业发展和森林生态保护相互促进。

### 1. 加强森林资源保护

一是坚持森林资源保护，强化封山育林，实施生态公益林管护，加快资源恢复。二是建立自然保护区，建设生态安全屏障，提升生态服务功能，维护生物多样性。

### 2. 加强森林资源改造

一是强化对森林的抚育管理，深入实施天保二期工程，加强森林资源的培育、管护、经营，推进中幼林抚育和低质低效林改造，改善森林结构，提高林分质量，积极培育高质量森林。二是注重良种壮苗生产，加快林木良种化进程。三是抓好新造林地管理，各个国有林场根据自身条件积极推进速生丰产用材林、珍稀及大径级用材林、林木良种、经济林、碳汇林等基地建设，打造国家木材战略储备基地。

### （三）大力培育新支柱产业，开展多样化经营

全面停止天然林商业性采伐后，木材采运等相关产业全面收缩和退出。根据当地的森林资源禀赋和产业基础，国有林场开始了形式各异的自救，巩固发展林产工业和森林培育产业，大力培育接续产业，推动以发展绿色富民产业为主要方向的产业转型，促进职工转岗增收，提高职工生活水平，逐步探索出了一条质量更高、结构更优、经济和生态效益更好的转型发展新路。

### 1. 大力发展林产工业，巩固发展森林培育产业

一是巩固发展林木种苗和花卉产业，国有林场充分发挥林区土地、野生苗木花卉种质资源、生产设施和劳动力等优势，依托国家林木良种基地、省级种苗示范基地和商业苗圃，大力培育苗木和花卉品种，构建市场营销和服务体系，打造苗木花

卉知名品牌，建设生产规模化、林苗一体化、经营产业化的林木种苗和园艺花卉产业基地。二是依托现有产业基础，推动木材加工产业升级，变初加工为精深加工，变初级产品为终端产品，延长产业链条，提升科技水平，提高产品附加值，形成低消耗、高产出、可持续的发展模式。如天然林停伐后，但还有一定产量的森林培育，有一定数量的胸径 8 厘米以下伐区剩余物，有部分国有林场利用先进技术装备改造提高加工水平，将这些初级产品变为中端产品，提高产品的附加值，进而获取了较高利润。

### 2. 培育接续产业，打造林业新兴产业

一是大力发展森林食品和药品产业，加快推进标准化生产和规模化经营，大力发展林下特色种植养殖及加工产业，深度开发林区食药资源，建设生产基地和产业园区，推进特色资源的全产业链开发，形成生产、加工、销售一条龙的产业模式。二是着力开发森林生态旅游和森林康养产业，充分利用国有林场丰富、独特的生态资源，大力开发以森林公园、湿地公园为主的旅游项目，整合林区闲置医疗资源，发展餐饮、交通、物流等配套服务业，支持林区职工经营家庭旅馆、"林家乐"，积极发展"生态+休闲养老"。三是开发绿色矿产业，发展清洁能源产业。部分国有林场场内矿产资源蕴藏量十分丰富，通过合资合作、资源入股等形式，加大对各种矿产等资源的开发利用。还有部分国有林场积极寻求企业合作，引进资本，利用林场的资源优势发展风力发电、水力发电等清洁能源项目，形成新能源产业。

### 3. 探索新经营形式

一是探索组建合作社，部分国有林场在场长或能人的带领

下，探索组建了林业专业合作社，通过职工资金入股，产品由合作社统一销售，合作社既支付职工工资，每年又给职工分红，较好地帮助职工增加收入。二是创立企业，一部分林场则通过发展林下经济、花卉苗木，创办林业技术服务公司、园林绿化公司，探索专业化、规模化、企业化的经营形式。

## 三、存在的问题和困难

### （一）国有林场管理体制尚未完全理顺

长期以来，我国国有林场主管部门兼具政府管理职能和企业经营职能。这两种职能的目标取向是不同的。当前部分国有林场监督机构和林业经营管理机构合二为一的管理体制，导致了监督管理和经营之间界限模糊的问题。一方面，国有林场主管部门作为国有林的经营主体，却过多地依赖行政管理手段而非经济手段来经营林场，使得国有林场的盈利能力、竞争能力和扩大再生产能力等问题都被淡化。随着市场经济的发展，这种管理体制的矛盾日渐突出，主要体现在国有林场普遍缺乏经营活力，管理不善，林场内部也没有建立起责、权、利相统一的管理体制。另一方面，作为采伐者的国有林场代替政府行使森林资源管理职能，既是运动员也是裁判员，在国有林场的监督上自然力度不够甚至失灵（牛伟志，2012），导致了国有林森林资源被破坏以及森林资源资产的流失，继而引发资源危机。

国有林场改革就是要通过改革理顺国有林场的管理体制，从总体上看，目前国有林场改革还未能完全理顺国有林场原有的管理体制。这主要是因为推进国有林场改革还面临着一些新的挑战：

一是改革进展不平衡，个别省区没有完成市县方案印发的工作。截至 2017 年年底，内蒙古、甘肃市县方案印发率仅为 42% 和 68%。江苏虽已完成市县方案审批，但市县方案印发率仅为 51%。内蒙古、黑龙江、江苏、甘肃、新疆等省区还没有安排省级财政改革补助资金。河北、江西等试点地区有的还存在只核编财政预算不到位的情况（程红，2018）。

二是发展动力面临挑战，改革后 95.8% 被定为公益事业单位，其中超过 3/4 是公益一类。这意味着，长期以来国有林场发展形成的现有动力和机制有可能失效，如何打造适用一类事业单位的新的发展动力和机制，成为当前和今后一个时期的首要任务。

三是管理机制急需重塑，国有林场改革是对旧有体制的一次重大重塑，要充分释放出改革的红利，重构一整套与之相适应的管理机制既十分重要也十分紧迫。

## （二）经营机制有待进一步优化和创新

一是国有林场在经营过程中未能统筹兼顾经济效益、社会效益和生态效益。国有林场在森林资源经营管理过程中，往往把生态效益与经济效益对立起来，把生态效益和经济效益看成是非此即彼的问题。在经营管理实践中，以森林的单功能利用为主，未有效发挥森林多功能效益，导致森林资源的总体效益不高（李烨，2015）。如在当前以生态效益优先的阶段，国有林场注重发挥森林资源的生态功能，在保护和培育国有林森林资源的同时，却忽略了经济效益和社会效益的发挥，导致国有林场亏损问题较为突出。

二是林场内部激励不足。国有林场尤其是全额拨款国有林场主要依赖财政投入，自身活力严重不足，不利于调动国有林场自身积极性，上级单位要求做什么，林场就实施什么样的措施，造成国有林场职工"等、靠、要"的问题十分突出，同时现有财政拨款主要是养人，生态保护捉襟见肘（姜冰润，2012），这也导致了丰富的国有林森林资源难以得到充分利用，森林的多功能效益不能充分发挥。

三是国有林场森林资源资产运营考核和收益核算制度不完善。国有林场具有其特殊性，而其森林资源资产运营考核只是简单套用工业企业考核办法，忽视了国有林场森林资源经营的独特性，使得部分国有林场在营林、采运等方面只重视短期效益而忽视长期效益，经营不当，导致采伐与培育之间矛盾激化，森林资产本身的保值、增值难以得到具体体现，对林场森林资源资产经营效果也缺乏有效评估。

**（三）林场经济基础薄弱且发展投入不足**

一是国有林场自身的收入低。几十年来，国有林场一直扮演着生态脆弱地区的重要生态屏障和森林资源储备基地的角色。随着森林分类经营和天然林保护工程的实施，国有林场的绝大部分森林被划为生态公益林，使本来不多的木材生产收入进一步减少（谢第斌，2016），由于国有林场多数处在老少边穷地区，特别是中西部地区当地财政无力为其投入。国有林场处于基础设施建设无资金、造林经营无经费、职工工资无来源的"三无"状态，陷于无力发展的境地。

二是目前还缺乏对国有林场的长效的财政投入保障机制。财政目前主要负担林场的开支，而对于森林管护、抚育等缺乏相应的配资金支持，由此造成森林管护的基础设施相对落后，特别是地处偏远郊的林场，长期存在森林资源管护不力，基础建设投入不足、通讯不畅、专业队伍能力不强、防火设备缺乏等问题。

## （四）林场职工积极性低且人才匮乏

一是当前国有林场人才缺乏。国有林场大都是 20 世纪 50 年代初期建立，当时林业技术人员相对短缺，除场长、技术员等极少数人员系国家正规培养的专业人员外，其余绝大多数人员都来源于农村招工，这些职工的子女，有相当一部分后来也相继进入林场工作。正规院校培养的专业人员进入林场工作的极少，在 20 世纪 90 年代后才逐渐增多。据统计，在国有林场职工中，有大专以上学历的占 2.2%，高中学历占 21.5%，初中和小学的占 71%，文盲占 5.3%。职工学历水平低，绝大部分职工未接受过正规的专业教育。近年来，通过函授、自学考试等途径取得的学历较多，但学历与实力、证书与能力越来越不相符。国有林场中各类专门技术人员占职工人数的比例仅为 14.5%，远低于其他行业。目前国有林场大力倡导和推行的是森林健康经营、人工林近自然经营、低碳林业以及生态文明等新的发展理念，需要更高的技术和管理人才，显然现在大部分技术和管理人员还不能满足林场发展的需要。此外，国有林场的工作环境和待遇在客观上很难吸引到年轻的专业人才，同时由于受编制的限制，国有林场不能按需招收专业人才。

二是国有林场职工的工作主动性和积极性较低。大部分的国有林场未建立起责、权、利相统一的管理体制，国有林场职工平均工资远远低于林业系统职工平均工资和全国平均工资，且职工工资拖欠严重（田明华等，2008），相当一部分职工基本养老和医疗仍未得到有效保障，职工生活无保障；对职工的激励严重不足，没有充分调动职工的工作主动性和积极性。同时由于工资过低，能力较强的人员纷纷外出谋生，人才外流现象十分严重。人才外流进一步加剧人才匮乏。

### （五）林场基础设施落后

国有林场大多建于 20 世纪 50、60 年代，国家投入长期不足，林场普遍面临基础设施缺乏、老化现象严重的问题。近年来也只对少数林场的部分基础设施进行了改善，大部分林场、管护站基础设施建设仍旧比较落后。目前国有林场的基础设施建设陷入了缺乏资金—基础设施落后—影响经营项目—缺乏资金的恶性循环，因为缺乏资金投入而使得国有林场的基础设施得不到改善，基础设施的薄弱又影响了林场经营项目的发展环境，导致经营成果欠佳，又进一步加剧了缺乏资金投入社会基础设施建设的问题，由此陷入了恶性循环。

## 四、SWOT 分析

### （一）优势（Strengths）分析

当前，我国国有林场主要具有资源、环境、科技支撑、组织文化和管理方面的优势。

#### 1. 自然资源优势

国有林场内蕴藏着各种丰富的自然资源，如东北的国有林场，处于我国大、小兴安岭和长白山脉，蕴藏着丰富的森林资源和矿产、水利资源。在当前天然林全面停伐的背景下，林场减少木材资源采伐量，可以增加森林资源储量，林间遍布多种经济动植物，只要科学、合理开发这些资源，可以为国有林场新兴产业的发展带来巨大商机，例如林下经济中特色野生动物养殖、绿色食品加工、药材种植开发等。当前国有林场有大量的中幼龄林，大部分处于旺盛生长发育阶段，未来森林资源储备丰富；林场一般坐落山区，地势落差大，可以充分开发林场内的水利资源；很多林场具有丰富的风力资源，风力发电潜力十分巨大；部分林场地下矿产资源丰富，储藏有黄金、大理石、煤炭等。

### 2. 生态环境优势

国有林场一般处于偏远地区，远离城市，开发程度低，工业在国有林场分布的地区一般发展较弱，林场生态环境没有或很少受到污染。同时，林场内森林覆盖率普遍较高，空气、水质、土壤等污染程度低，是我国生态环境最好的地区之一，具有良好的生态优势，为发展生态产业提供了必需的环境基础。

### 3. 科技支撑优势

部分区域国有林场科技支撑优势突出，如东北三省拥有较多林业相关专业的大专院校和相关专业科研院所，东北林业大学、东北农业大学都设有林业相关专业博士点，八一农垦大学、黑龙江省林业科学院、黑龙江省农业科学院、吉林北华大学等单位都有林业经济研究所，大兴安岭森工集团、吉林森工集团和黑龙江森工集团都设有专门的林业经济发展试验点，可以为国有林场的发展提供较强的技术支撑。

### 4. 组织文化和管理优势

国有林场在数十年的发展中，形成了独特而非常有价值的组织文化优势。同时，林场组织管理自成体系，组织机构健全，动员能力强。拥有一支业务能力强、工作经验丰富的管理队伍，初步建立了一套较为完善的科学管理体系，在组织、领导、协调、管理等方面具有竞争优势。

### （二）劣势（Weaknesses）分析

当前，我国国有林场主要具有自然资源、产业、管理制度、人力资源和科技方面的劣势。

#### 1. 自然资源劣势

林场内森林总量不足，林区可采林木资源锐减。用材林中的成过熟林面积占比不高。木材加工业面临原料的瓶颈制约。由于森林资源的锐减，部分地区生态环境质量下降，森林生态系统功能下降，林场部分地区自然灾害频繁发生。

#### 2. 产业劣势

一方面产品竞争力不强。国有林场对外输出的木材资源主要是以初级加工产品为主，木材资源产品的科技含量低，市场价格低廉。林场输出产品在市场上没有话语权，在市场竞争中处于劣势。另一方面，龙头企业少，带动能力弱，产品加工生产技术落后。

#### 3. 管理制度劣势

国有林场管理制度的改革仍处于探索和实施阶段，制度障碍因素仍然存在，国有林场仍普遍缺乏经营活力，管理不善，林场内部也没有建立起责、权、利相统一的管理体制。同时，作为采伐者的国有林场代替政府行使森林资源管理职能，还会导致国有林森林资源被破坏以及森林资源资产流失。

#### 4. 人力资源劣势

一方面林场职工积极性低，职工平均工资远远低于全国平均工资，且工资拖欠严重，对职工的激励严重不足。人才外流现象十分严重。二是人才匮乏，国有林场中各类专门技术人员比例低，现在大部分林场技术和管理人员数量还不能满足林场发展的需要。

### 5. 科学技术劣势

一是林场的领导干部对科技的重视程度不够。二是专业科研部门基本游离于林场之外，科技向现实生产力转化能力薄弱，科研与生产脱节的弊端没有得到根本解决。三是受经济环境的影响，科技投入不足，在很大程度上影响了科技发展、技术创新和科技成果转化能力。四是技术人才难以留住，造成科技人员和技术工人日益减少。科技人员结构不合理，木材综合利用、林副产品加工、农副业生产、经营管理等专业技术人员严重短缺。

### （三）机会（Opportunities）分析

国有林场的发展存在国有林场改革、政策支持、市场以及科技创新等方面的机会。

### 1. 国有林场改革

2013 年 8 月 5 日，经国务院同意，国家发展改革委员会和原国家林业局正式批复了河北、浙江、安徽、江西、山东、湖南和甘肃 7 个省国有林场改革试点实施方案，国有林场改革试点进入了实质性推进阶段。在改革试点的基础上，原国家林业局积极探索面上国有林场改革，会同全国农林水利工会开展了国有林场职工生活困难情况调研，向中共中央和国务院呈报了《关于国有林场职工生活困难情况的调研报告》，逐步推进国有林场改革。随着国有林场改革的深入，势必会理顺国有林场管理体制，全面激发国有林场的活力。

### 2. 国家政策支持

一方面，近年来国家和各地出台了一系列政策措施，扶持国有林场发展和改革。如为支持开展国有林场改革试点工作，2012—2014 年中央财政共安排国有林场改革补助 36.7 亿元，中央财政补助资金有效地发挥了引导作用，带动了各级财政的投入，促进国有林场建立了新的管护经营机制。同时，"十二五"以来，中央财政还安排森林生态效益补偿、良种培育、造林和森林抚育补贴等林业补助资金 89.7 亿元，用于国有林场所属国家级公益林的保护与管理，支持国有林场加强林木良种繁育、造林和森林抚育，增加森林面积，提高森林质量。另一方面，国家和地方还投入巨额的财政资金，通过实施一些重大项目来推动国有林场的发展与改革，如大小兴安岭生态功能区建设、东北老工业基地改造、西部大开发二期以及天然林资源保护工程等。"十二五"以来，中央安排天保工程财政专项资金 53.6 亿元，用于天保工程区内 1 312 个国有林场的森林管护、职工社会保险补助、政策性社会性支出等；安排石油价格改革财政补贴资金 61.4 亿元，用于支持解决国有林场经营困难等问题。此外，国家还实施减免农林特产税、核销森工企业债务等政策，这些措施都切实减轻了国有林场的负担。

**3. 巨大的市场容量正在被激活**

随着经济的发展、社会的进步和消费水平的提高，人们的消费观念、消费结构正在发生较大的变化，人们对生存环境和消费产品的健康程度关注日益提高。山野菜、食用菌等绿色食品，木制品和以林产工业产品为主的环保型装饰装修材料需求大大增加，而这些产品均能在国有林场内大量生产，且市场空间巨大，为国有林场的发展提供了重要机会。

**4. 科技创新步伐加快**

随着科技创新步伐的加快，现代技术从不同的深度和广度影响到林业发展和林场发展的各个方面，尤其是信息技术、生物技术、新型材料、空间技术等的引进和应用，大大改变了林区经营管理的方式，极大地提高了劳动生产率，为林场的发展提供了强大动力。

### （四）威胁（Threats）分析

国有林场还面临着国内外同行业竞争，林业自身的自然风险、社会风险和政策风险等威胁。

#### 1. 国内外同行业竞争

国有林场主导产品是木材、非木林产品和各类生态产品，在木材产品方面，国内同类企业、同类产品数量正日渐增多，市场竞争非常激烈，同时全球化浪潮使得国有林场置于全球的竞争，大量进口同类产品挤占了国有林场的市场份额。此外，木材产品还面临替代品的竞争压力，如以塑代木、以钢代木等产品对林产品的冲击。而目前国有林场管理体制和经营机制显然不适应现代市场经济和国际化竞争的需要，面对如此激烈的市场竞争，国有林场生存压力巨大。

#### 2. 行业风险

林业行业的特点是资源培育周期长、投资大、收益慢，同时森林火灾难以防范，预防体系建设投资大，收益不直接。国有林场生产的主要原料来自森林资源，哪怕是非木质林产品也高度依赖森林资源，因而对森林资源利用的数量和质量具有较强的依赖性，任何森林资源遭受灾害及人为破坏，都将对林场发展产生较大影响。此外，在经营方面还会面临项目投资风险和政策性风险，如全面停伐政策的实施，就使得不少森工项目面临原料供应不足的风险，而多种经营项目，由于涉及国有林场之前相对陌生的领域，也具有一定风险。

## （五）战略选择

通过以上 SWOT 分析可以得出结论：国有林场发展受多方面因素影响，既有巨大的优势（S），也有不容忽视的劣势（W），既有外部发展机会（O），也面临着不少威胁（T）。综合各种因素，构建了各因素相互匹配的 S-O 战略、W-O 战略、S-T 战略、W-T 战略的战略组合。

### 1. S-O 战略

面对有利的政策机会和市场机会以及国有林场自身的资源优势、生态环境优势、人力技术优势和组织优势，国有林场可以采取如下组合战略。

（1）国有林场应着力扩大造林面积，对尚未建立国有林场管理、未确定所有权的国有林地，可以组建新的国有林场对其进行经营管理；与国有林场毗邻的非国有公益性林地，按照公平自愿的原则，通过合作造林、营林、护林，或采取赎买、租赁或置换周边林农林地的途径扩大国有林场的经营规模（唐小平和杜书翰，2013），进而扩大国有林场的森林面积，满足经济增长对林木资源需求的迅速增长。

（2）国有林场可以加强生长周期长、投入多的珍贵树种和大径级材的培育，建设和发展珍贵树种、大径级材战略储备基地和短周期工业原料林基地，解决我国木材及林产品结构性短缺问题。

（3）国有林场应不断提高管理者的管理能力，优化配置经济资源，实现规模经济效益，可以实现产业相关的多元化经营战略，如大力发展非木质林产品和森林康养业。

### 2. W-O 战略

面对良好的政策机遇、市场机遇和国有林场自身劣势，可以使用如下 3 个方面的组合战略。

（1）国有林场抓住难得的政策机会，推动自身改革，理顺经营管理体制，克服自身劣势。同时，国有林场要用好、用足国家的各项政策推动自身发展。

（2）国有林场面临良好的市场机会，要制定好经营策略，通过为市场提供更多更好的林产品，把林场做大做强。

（3）面对日益激烈的市场竞争，国有林场可以与其他林场、林业企业合并或组成战略联盟，有利于实现资源互补，提高市场竞争力，扩大市场份额。

### 3. S-T 战略

发挥国有林场的优势，主动展开竞争，开展相关领域的多元化经营，力争将威胁转化为机会，可采取如下组合战略。

（1）国有林场拥有的森林资源是社会可持续发展的基础，在营林、林产品加工过程中，将产生大量副产品，林场可以通过合资、兼并、新建、战略联盟等形式进入相关领域，实现多元化经营，提高经济效益。

（2）森林资源具有生态服务功能，可以积极进行森林培育，发展森林旅游和森林康养业，为城乡居民提供教学和休闲服务，提高森林的生态服务功能。

（3）林场在加强营林生产的同时，可以同时尝试优化产品结构，加强产品竞争力。

### 4. W-T 战略

面对市场的威胁和林场内部的劣势，国有林场可采用克服劣势、减轻威胁的组合战略。

（1）与其他国有林场或同行业的其他林业企业合并或组成战略联盟，有利于缓解激烈的行业竞争和较大的行业风险等威胁对林场的冲击。

（2）优化国有林场的人才结构，通过调整制度和引进新技术提高职工劳动生产率；优化产品价值链，降低管理成本。

（3）目前，国有林场可能没有足够的财力人力和物力进行科学研究，但国有林场可以集中力量，强化营林生产，不仅解决林场可持续发展的资源瓶颈问题，同时也能满足区域内社会公众对森林生态系统服务功能的要求。

（4）推进国有林场管理标准化，制定国有林场基础设施建设标准，开展标准化林场建设，逐步提升林场建设和经营管理水平；制定和实施国有林场各类岗位的国家职业标准，按标准实行林场职工定岗定级，逐步提高队伍专业化水平；制（修）订和实施森林培育、森林采伐等国家标准，经营作业按标准实施，逐步提升林场经营管理水平（唐小平和杜书翰，2013）。

# 五、国有林场发展趋势

## （一）国有林场在生态保护方面的地位日益突出

从总体上看，我国仍然是一个缺林少绿的国家，生态问题依然是制约我国可持续发展的突出问题，生态差距依然是我国与发达国家的主要差距，生态建设依然是全面建设小康社会的艰巨任务。国有林场是我国林业建设的先锋队和主力军，维护国家生态安全最重要的基础设施，管护着我国最优质、最稳定、最完备的森林资源和生态系统，是我国森林资源最精华的部分，大多位于大江大河源头、主要水库周围、黄土风沙前线等重点生态区域和生态脆弱区，在应对气候变化、涵养水源、保育土壤等方面发挥着不可替代的重要作用（褚利明，2012）。

## （二）国有林场生态功能将显著提升

《国有林场改革方案》要求国有林场的改革"围绕保护生态、保障职工生活两大目标"。改革完成后，转变为公益性事业单位的国有林场将主要承担生态建设和生态保护的职责，以森林培育及保护为主要内容，通过大力造林、科学营林、严格保护等多措并举，着力提升森林健康水平、碳汇能力、应对气候变化能力和生态承载力，生态功能将显著提升（周亚兴，2017）。

## （三）国有林场民生保障将全面到位

在当前脱贫攻坚战的背景下，在林业重点工程的支撑下，随着国有林场改革的不断深入，国有贫困林场的生产生活条件将不断完善，工作用房、安全饮水、通电、通讯、道路交通等基础设施落后问题将得到改善，通过创新国有林场管理体制、多渠道加大对林场基础设施的投入，将切实改善职工的生产生活条件，拓宽职工就业渠道，完善社会保障机制，使职工就业有着落、收入有增加、基本生活有保障。

## （四）国有林场呈现出管理标准化的趋势

在我国全方位推进林业标准化建设的背景下，国有林场必将呈现管理标准化的趋势。国有林场将逐步实现设施设备标准化、护林队伍标准化、信息网络标准化、综合服务标准化等标准化管理，全面改善和提升国有林场生产生活条件和服务水平，逐步实现林场管理、技术和装备现代化。

## （五）国有林场呈现出信息化趋势

国有林场管理的信息化、数字化、智能化趋势将会进一步加深。国有林场将以信息化建设为导向，通过 3S 技术、网络技术、数据库技术以及通讯技术等信息技术来实现对森林资源的经营管理，提高林场网上办公、资源智能化管理、旅游综合服务、林业灾害监测预警水平，实现办公自动化、生产管理现代化及决策科学化的目标（王希全，2018）。

### （六）国有林场呈现出林业产业特色化发展趋势

特色产业将在国有林场发展中占有重要地位，是激发活力、增强动力的重要抓手。各地的国有林场将依托资源优势，融合各地的地域特色、产业特点、人文特色，创新森林生态项目，开拓富有当地特色的林业产业。

# 第三章

## 总体思路

# 一、指导思想

## （一）指导思想确定的依据

中国共产党是中国特色社会主义事业的领导核心，是中国的执政党，其历次党代会报告是治国理政的纲领性文件。党的十九大是新时代中国召开的一次极其重要的会议，其大会报告清晰地勾画了中国未来的发展蓝图。党的十九大报告中作出了准确判断，中国已经进入新时代，其社会主要矛盾已经转变为人民日益增长的美好生活需要和不平衡不充分的发展之间的矛盾。国有林场是宝贵的生态资源、国家最重要的生态安全屏障和森林资源培育战略基地，在国家生态安全全局中具有不可替代的地位和作用。国有林场发展，必须坚持以党的十九大精神为指导，积极提供更多优质生态产品，以满足人民日益增长的对优美生态环境的需要。

党的十八大以来，习近平生态文明思想逐步成熟，已经形成了完整的生态文明思想体系，其核心是六项原则和五大生态体系（表3-1）。林业是生态建设和保护的主体，承担着保护自然生态系统的重大职责。国家现有森林资源精华集中分布在国有林场，是不可多得的宝贵"绿色财富"。因此，国有林场在推动各项事业发展过程中，在贯彻落实习近平生态文明思想上应起到先锋模范作用。

党的十九大发出了开启全面建设社会主义现代化国家新征程的动员令。林业现代化是国家现代化的重要内容，是林业发展的努力方向，也是林业建设的根本任务。国家林业和草原局张建龙局长在2018年全国林业厅局长会议中明确指出，推进新时代林业现代化建设，要全面贯彻党的十九大精神，以习近平

## 表 3-1　习近平生态文明思想体系

| 六项原则 | 五大生态体系 |
| --- | --- |
| 1. 坚持人与自然和谐共生、坚持节约优先、保护优先、自然恢复为主的方针，像保护眼睛一样保护生态环境，像对待生命一样对待生态环境，让自然生态美景永驻人间，还自然以宁静、和谐、美丽；<br>2. 绿水青山就是金山银山，贯彻创新、协调、绿色、开放、共享的发展理念，加快形成节约资源和保护环境的空间格局、产业结构、生产方式、生活方式，给自然生态留下休养生息的时间和空间；<br>3. 良好生态环境是最普惠的民生福祉，坚持生态惠民、生态利民、生态为民，重点解决损害群众健康的突出环境问题，不断满足人民日益增长的优美生态环境需要；<br>4. 山水林田湖草是生命共同体，要统筹兼顾、整体施策、多措并举，全方位、全地域、全过程开展生态文明建设；<br>5. 用最严格制度最严密法治保护生态环境，加快制度创新，强化制度执行，让制度成为刚性的约束和不可触碰的高压线；<br>6. 共谋全球生态文明建设，深度参与全球环境治理，形成世界环境保护和可持续发展的解决方案，引导应对气候变化国际合作 | 1. 加快建立健全以生态价值观念为准则的生态文化体系；<br>2. 以产业生态化和生态产业化为主体的生态经济体系；<br>3. 以改善生态环境质量为核心的目标责任体系；<br>4. 以治理体系和治理能力现代化为保障的生态文明制度体系；<br>5. 以生态系统良性循环和环境风险有效防控为重点的生态安全体系 |

资料来源：王子晖（2018）与唐云云（2018）。

新时代中国特色社会主义思想为指导，以建设美丽中国为总目标，以满足人民美好生活需要为总任务，坚持稳中求进工作总基调，认真践行新发展理念和绿水青山就是金山银山理念，按照推动高质量发展的要求，全面深化林业改革，切实加强生态保护修复，大力发展绿色富民产业，不断增强基础保障能力，全面提升新时代林业现代化建设水平（张建龙，2018a，2018b）。力争到 2035 年，我国初步实现林业现代化，生态状况根本好转，美丽中国目标基本实现；森林覆盖率达到 26%，森林蓄积量达到 210 亿立方米，每公顷森林蓄积量达到 105 立方米，乡村绿化覆盖率达到 38%，林业科技贡献率达到 65%，主要造林树种良种使用率达到 85%，湿地面积达到 8.3 亿亩，75% 以上的可治理沙化土地得到治理（张建龙，2018a，

2018b）。

相对于集体林农户经营而言，国有林场拥有人才、技术、资金与管理优势，在林业现代化建设中具备了争做现代化建设排头兵的基础和实力。

2015年，中共中央、国务院印发了《国有林场改革方案》（中发〔2015〕6号）（简称《方案》），吹响了国有林场林区全面改革的号角。本轮改革是一次全方位的综合改革，给国有林场转型发展带来了重要的发展机会。在此背景下，国有林场应抓住历史机遇，主动作为，积极稳妥地解决定性定编定岗、富余人员分流安置和历史债务化解等长期想解决而一直没能解决的诸多历史难题，减轻负担、轻装上阵，大力推动标准化和现代化建设。

当前和今后一段时期国有林场改革的总体思路是：以习近平新时代中国特色社会主义思想为指引，以落实《方案》文件部署为引领，牢固树立绿水青山就是金山银山的理念，着力健全治理体系，更快地增加森林资源，着力提升治理能力，更好地增加活力，坚持"一个定位"，实现"一大目标"，完成"一项任务"（表3-2），为提升林业现代化建设水平做出贡献（程红，2018）。

**表3-2　国有林场改革的总体思路**

| 名称 | 内容 |
| --- | --- |
| 一个定位 | 保护培育森林资源，维护国家生态安全 |
| 一大目标 | 建成现代化林场 |
| 一项任务 | 建立健全国有林场森林资源保护和培育制度体系、林场职工激励和约束制度体系、林场基础保障和政策支持制度体系 |

资料来源：程红（2018）。

## （二）指导思想的具体内容

基于上述分析，国有林场发展应坚持如下指导思想：

以十九大精神为指导，深入贯彻习近平生态文明思想，牢固树立绿水青山就是金山银山的理念，坚持山水林田湖草系统治理，深入实施以生态保护为主的国有林场发展战略，以维护森林生态安全为主攻方向，以增绿增效为基本要求，加强资源培育与生态修复，全面深化国有林场改革，创新体制机制，加快推进国有林场标准化和现代化建设。

# 二、基本原则

## （一）坚持生态优先，保护培育森林资源

《方案》明确指出，国有林场的主要功能是保护培育森林资源、维护国家生态安全。与功能定位相适应，国有林场的首要职责就是保护培育森林资源。众所周知，森林资源是国有林场存在和发展的前提和依据，假若森林资源不能得到切实有效保护，国有林场就丧失了存在的必要性。所以，国有林场无论在何时都应坚持"因养林而养人"的方向，狠抓落实森林资源保护和培育工作。

## （二）坚持以人为本，改善职工生产生活条件

广大职工是国有林场各项任务的具体执行者，是国有林场各项事业发展的建设者。国有林场发展，应立足场情，坚持以人为本，切实保障职工合法权益；同时根据区域社会经济发展水平和林场发展情况，逐步提高职工生产生活条件，保障职工和其他群众同步实现小康乃至富裕。

## （三）坚持创新体制机制，增强发展活力

基于委托代理理论视角，林业主管部门和国有林场、国有林场和职工是一种委托代理关系。如果缺乏科学有效的体制机制，那么就可能发生事前逆向选择和事后道德风险问题（张维迎，2004），进而导致国有林场优秀职工流失或者现有职工缺乏内生动力，林场发展活力就会大打折扣。因此，在林场发展过程中，应坚持创新体制机制，建立科学的岗位绩效考评机制，使委托人和代理人激励相容，个人利益和集体利益合二为一，个人发展和单位发展相得益彰。

## （四）坚持因地制宜，分类分区施策

中国幅员辽阔，各地自然条件和社会经济发展水平千差万别，林场发展无法遵循单一模式。各地应立足森林资源特点，根据区域特征和林场实际，探索不同类型国有林场适宜的发展模式，不强求千篇一律，不搞一刀切（程红，2018）。

## （五）坚持科技创新，发挥林场示范引领作用

相对小规模农户而言，国有林场具有明显的技术优势。在林场发展过程中，应积极发挥国有林场的科技示范引领作用，积极开发、引进、推广新技术、新材料、新品种；利用信息化手段，加强科学管理，不断提高国有林场的科技含量。突出地域特色，引领周边集体林区发展，在区域林业生态建设中发挥示范、骨干和带动作用。

## 三、主要框架

本研究首先分析指导思想和基本原则；然后研建国有林场发展水平评价指标体系；开展实地调研获取一手数据资料，采

用综合评价指数法评价样本林场的实际发展水平；结合我国国情和林情，科学设定国有林场近期和中期发展目标；基于样本林场调查研究，综合运用SWOT分析法、逻辑分析法与案例分析法分析国有林场典型发展模式。在上述分析和研究基础上，归纳提炼主要结论，并提出有针对性的政策建议。

# 第四章

指标体系研建及评价结果

# 一、评价指标体系研建

## （一）评价指标体系构建的原则

### 1. 科学性与可行性相结合的原则

科学性原则是指标体系构建的首要原则。设计的指标体系必须能反映国有林场发展的主导因素，不但符合森林生态系统的要求，而且能反映国有林场发展水平的内涵和目标的实现程度（伦丽珍，2005；杜林胜，2005）。其具体量指标的经济学含义必须明确，测算方法合理，从而达到科学描述和准确评价的目的。与此同时，评价指标选取要考虑可行性。一方面要考虑评价指标所需数据来源渠道的可靠性和易得性，另一方面考虑选取的评价指标要便于量化分析，从而确保评价指标选择科学可行，并具有可比性（兰月竹等，2013）。

### 2. 全面性和重点性相结合的原则

从理论上讲，评价指标数量越多，越能全面反映国有林场发展水平。然而，在实践中，每个指标的重要性是有区别的，而且指标复杂、数量过度会给数据收集工作带来很大困难（伦丽珍，2005）。因此，在评价指标选取上，要坚持全面性和重点性相结合的原则，反复比较分析，精选出既能有效反映国有林场真实发展水平的指标，又要突出其重要方面。

### 3. 生态性与公益性相结合的原则

林业是生态建设和保护的主体，承担着保护自然生态系统的职责。林业作为一项基础性产业和社会公益事业，为人们提供保护生态、休闲娱乐与森林康养等作用（兰月竹等，2013）。国有林场是林业建设的重要力量，其主要功能是保护培育森林资源和维护国家生态安全，主要承担生态公益性服务职责。因此，在选择评价指标时，要坚持生态性和公益性相结合。

## （二）评价指标体系的主要内容

根据国有林场特点，在实地调研和专家咨询基础上，参考原国家林业局（2018）颁发的行业标准《国有林场综合评价指标与方法》和其他学者建立的指标体系（伦丽珍，2005；杜林盛，2005；兰月竹等，2013；徐高福，2016），构建了林场发展水平评价指标体系（附表1）。主要内容如下。

### 1. 森林资源保护

该指标下设"保护力度"与"保护效果"2个二级指标。其中，"保护力度"下设"是否建立森林资源管护责任制""单位面积护林员数""森林经营方案执行程度"与"生态公益林面积占比"4个三级指标；"保护效果"包括"森林火灾面积占比""林业有害生物成灾面积占比""被征占用林地面积占比"与"林权纠纷林地面积占比"4个三级指标。

### 2. 森林资源培育

该指标下设"森林资源数量"和"森林资源质量"2个二级指标。其中，"森林资源数量"下设"森林覆盖率"与"森林蓄积增长率"2个三级指标；"森林资源质量"下设"单位面积森林蓄积量"与"大径材林分占比"2个三级指标。

### 3. 产业发展和经济效益

该指标下设"产业产值"与"财务状况"2个指标。其中，"产业产值"下设"人均第一产业产值相对水平""人均第一产业产值相对水平"与"人均第三产业产值相对水平"3个三级指标；"财务状况"下设"资产负债率"与"成本利润率"2个三级指标。

### 4. 民生建设

该指标下设"民生建设"1个二级指标，包括"职工社会保障覆盖率"与"职工人均收入比"2个三级指标。

### 5. 人才队伍

该指标下设"人才队伍"1个二级指标，包括"40岁及其以下职工占比""大专及以上学历职工占比"与"中级及其以上技术职称职工占比"3个三级指标。

### 6. 资金支持

该指标下设"资金支持"1个二级指标，包括"人均财政投入相对水平"与"人均社会投入相对水平"。

### 7. 基础设施

该指标下设"公共基础设施"与"专业化水平"2个二级指标。其中，"公共基础设施"下设"林道密度""工区通水通电通讯率"与"公共建筑区每位职工占地面积"3个三级指标；"专业化水平"下设"信息与数字化发展水平"与"信息与数字化发展水平"2个三级指标。

### 8. 规章制度建设

该指标下设"人事制度"与"财务制度"2个二级指标。其中，"人事制度"下设"公开招聘占比""竞聘上岗占比"与"岗位绩效工资占比"3个三级指标；"财务制度"下设"是否属于独立核算单位""政府购买生态公益林管护服务占比""是否实施收支两条线"与"返回收入占比"4个三级指标。

## 二、评价方法

本研究主要采用综合指标法评价国有林场发展水平，具体操作步骤如下。

## （一）单个评价指标评分标准值界定

上述评价指标体系包括 8 个一级指标、13 个二级指标与 36 个三级指标。根据国有林场特点，并参考原国家林业局（2018）颁发的行业标准《国有林场综合评价指标与方法》和其他学者建立的指标体系（伦丽珍，2005；杜林盛，2005；兰月竹等，2013；徐高福，2016）赋值情况，界定单个评价指标评分标准值，具体见附表 2。

## （二）评价指标权重的确定

为确定评价指标的权重，本研究参考原国家林业局（2018）编制的行业标准，并采用专家咨询评分法。

各个评价指标的权重见附表 3。从一级指标权重看，首先是"森林资源保护"（20.36%）与"森林资源培育"（16.67%），其次是"资金支持"（15.34%）、"基础设施"（14.31%）与"制度建设"（13.90%），再次是"民生建设"（6.86%）、"人才队伍"（6.58%）与"产业发展与经济效益"（5.97%）。

## （三）计算方法

### 1. 三级指标得分的计算方法

首先，根据各个指标的评分标准确定最高值（对应分数为 100 分）和最低值（对应分数为 0 分），然后，根据 3 种不同情形对国有林场的各个指标采用三种不同方法计算分值：

（1）若指标性质是"正指标"，则采用如下公式计算：得分=（指标值-最低值）／（最高值-最低值）×100（若全部为最高值，则赋值 100 分）。

（2）若指标性质是"逆指标"，则采用如下公式计算：得

分 = 100-（指标值-最低值）/（最高值-最低值）×100（若全部为最低值，则赋值 100 分）。

（3）若指标性质是"适度指标"，则分两种情况，在适度区间内（零分值外），采用如下公式计算：得分 =（指标值-最低值）/（最高值-最低值）×100%；若在适度区间外（零分值内），得分一律为 0。

### 2. 二级、一级指标及国有林场发展水平得分的计算方法

运用综合指标法，对三级指标得分进行加权平均，计算各二级指标的得分；然后对二级指标得分进行加权平均，计算各一级指标的得分；类似，再计算国有林场发展水平最终得分。

$$DI_i = \sum_{j=1}^{n} W_j X_j \qquad (4-1)$$

式（4-1）中：$DI_i$ 表示二级指标或一级指标或国有林场发展水平综合评价指数的得分；$X_j$ 表示三级指标或二级指标或一级指标的得分；$W_j$ 表示三级指标或二级指标或一级指标的权重。

若某国有林场发展水平得分超过 60 分，则它被视为标准化林场；若得分超过 85 分，则它被视为现代化林场。

## 三、数据来源

为准确评价国有林场发展水平和设计未来发展目标，本研究采用分层抽样方法选取样本林场。

江苏省属于东部经济发达地区，现有国有林场 59 个，其中，公益性事业单位 42 个，企业性质 17 个（定性为公益性企业）；全省国有林场总经营面积近 160 万亩，其中林地面积 140 万亩，森林覆盖率超过 90%，其中省级以上生态公益林面积 120 余万亩。山西省属于中部地区，现有国有林场 209 个，全

部定性为公益一类事业单位。四川省地处西部地区，现有国有林场 180 个，其中公益一类事业单位 155 个，占比 86.11%。吉林省地处东北地区，现有国有林场 340 个，其中事业性质林场 157 个，企业性质林场 183 个，企业性质林场数量仍然超过事业性质林场；全省国有林场经营总面积 5 832 万亩，其中林业用地 4 388 万亩，占全省的 31.2%；公益林和天然林比重达到 95%；森林总蓄积 2.82 亿立方米，占全省的 28.5%。

上述四省在所处地区具有较高的代表性和典型性，故首先选取它们作为四大地区的代表省份；然后，从江苏、山西与四川 3 个省中各选取 4 个林场，从吉林省中选取 9 个林场，合计 21 个林场（表 4-1）。选取样本林场时，综合考虑林场性质、经营面积与生态区位重要性及林场总体发展水平等因素。

表4-1　样本林场

| 区域 | 省份 | 林场名称（编号） |
|------|------|-----------------|
| 东部 | 江苏 | 句容市东进林场（FF1）、句容市林场（FF2）、句容市磨盘山林场（FF3）、苏州市吴中区林场（FF4） |
| 中部 | 山西 | 汾阳市向阳林场（FF5）、关帝山林管局南海滩林场（FF6）、关帝山林管局吴城林场（FF7）、中条山林管局北坛中心林场（FF8） |
| 西部 | 四川 | 洪雅县林场（FF9）、邻水县万峰山林场（FF10）、绵竹市林场（FF11）、南江县大坝林场（FF12） |
| 东北 | 吉林 | 敦化市牡丹岗林场（FF13）、双辽市实验林场（FF14）、通化县三棚林场（FF15）、长春市九台区波泥河林场（FF16）、吉林省蛟河林业实验区管理局（FF17）、吉林省上营森林经营局（FF18）、蛟河市国有林总场（FF19）、临江市国有林总场（FF20）、通化县国有林总场（FF21） |

资料来源：根据调研资料整理。

# 四、样本林场特征

样本林场涵盖了公益一类和企业性质（含自收自支事业单位）两种林场类型，省属、地市属与县属 3 种管理层级，处级、科级、股级与其他（未定级）4 种行政级别（表 4-2）。从林场类型看，公益一类林场占比最高（61.90%），从调研中了解到，现行相当数量的公益一类林场的事业编制数小于在职职工人数，而财政事业经费拨款严格依据编制数，因此，在实际运行过程中，这部分林场本质上仍属于差额拨款单位；其次是企业性质（含自收自支事业单位）林场（38.10%）。从管理层级看，县属林场占比最高（76.19%），其次是省属（19.05%），地市属林场占比最低（4.76%）。从林场级别看，科级林场占比最高（42.86%），其次是其他（未定级）（28.57%），再次是处级（14.29%）和股级林场（14.29%）。从林场经营面积看，样本林场平均规模为 66.07 万亩，最大为682.12 万亩，最小为 1.46 万亩。从在职职工人数看，样本林场平均为 424 人，最大为 3 294 人，最小为 20 人。

表 4-2　样本林场特征

| | 林场性质 | | | 合计 |
| --- | --- | --- | --- | --- |
| | 公益一类 | 公益二类 | 企业性质 | |
| 样本数 | 13 | 0 | 8 | 21 |
| 占比（%） | 61.90 | 0.00 | 38.10 | 100.00 |
| | 管理层级 | | | 合计 |
| | 省属 | 地市属 | 县属 | |
| 样本数 | 4 | 1 | 16 | 21 |
| 占比（%） | 19.05 | 4.76 | 76.19 | 100.00 |

（续表）

| | 行政级别 | | | | 合计 |
|---|---|---|---|---|---|
| | 处级 | 科级 | 股级 | 其他 | |
| 样本数 | 3 | 9 | 3 | 6 | 21 |
| 占比（%） | 14.29 | 42.86 | 14.29 | 28.57 | 100.00 |
| | 经营面积 | | | | |
| 样本数 | 均值（万亩） | 最大值（万亩） | | 最小值（万亩） | |
| 21 | 66.07 | 682.12 | | 1.46 | |
| | 在职职工 | | | | |
| 样本数 | 均值（人） | 最大值（人） | | 最小值（人） | |
| 21 | 424 | 3 294 | | 20 | |

数据来源：根据调研资料整理和分析。

## 五、评价结果

根据调研资料，采用上述方法对四省 21 个样本林场发展水平进行评价，各林场发展水平得分情况见图 4-1 和附表 4。

总体而言，样本林场发展水平得分均值为 60.54 分，标准差 6.39，区间分布范围是 48.78~75.90 分；最小值是 48.78 分（FF18），最大值是 75.90 分（FF4），极差为 27.12。从四省一级指标看，得分最高的是"森林资源保护"（17.53 分）与"资金支持"（10.01 分），其次是"森林资源培育"（8.96 分）与"基础设施"（7.67 分），再次是"制度建设"（5.65 分）与"民生建设"（5.48 分），再次是"产业发展与经济效益"（2.88 分）与"人才队伍"（2.38 分）。

在样本林场中，实现标准化（即发展水平得分≥60 分）的林场 12 个，占比 57.14%；但未有一个林场实现现代化（即发展水平得分≥85 分）。

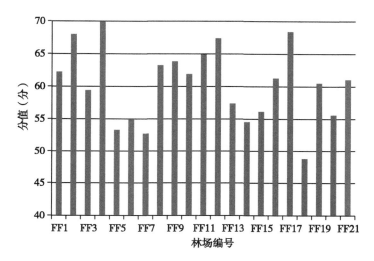

**图 4-1 样本林场发展水平评价得分情况**

从地区差距看（图 4-2），江苏样本林场发展水平最高（66.38 分），其次是四川（65.55 分），再次是吉林（57.43 分）和山西（56.06 分）。这在一定程度反映东部地区国有林场发展水平高于其他地区。

从地区分项指标得分看（表 4-3），"森林资源培育""产业经济发展与经济效益""民生建设"与"人才队伍"4 个一级指标得分存在明显地区差异，各指标四省之比分别为"10.63：2.73：12.38：8.62""2.69：1.73：4.55：4.24""6.22：6.86：6.86：3.91""7.56：5.12：3.20：5.25"，显而易见，各指标得分最高省份的得分是最低省份得分的两倍以上。与此形成鲜明对比的是，其他 4 个一级指标得分地区之间的差异较小。

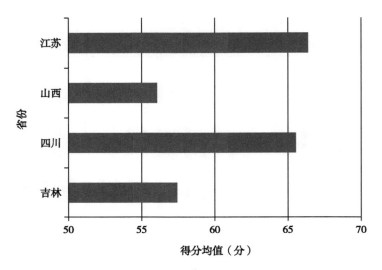

**图 4-2　四省样本林场发展水平得分均值**

数据来源：根据调研资料整理和分析。

**表 4-3　四省样本林场分项得分比较**　　　（单位：分）

| 省名 | A1. 森林资源保护 | A2. 森林资源培育 | A3. 产业发展与经济效益 | A4. 民生建设 | A5. 人才队伍 | A6. 资金支持 | A7. 基础设施 | B8. 制度建设 |
|---|---|---|---|---|---|---|---|---|
| 吉林 | 17.77 | 8.62 | 4.24 | 3.91 | 1.57 | 9.34 | 7.49 | 5.25 |
| 四川 | 16.43 | 12.38 | 4.55 | 6.86 | 2.89 | 10.51 | 7.02 | 3.20 |
| 山西 | 16.61 | 2.73 | 1.73 | 6.86 | 3.81 | 10.51 | 8.68 | 5.12 |
| 江苏 | 17.21 | 10.63 | 2.69 | 6.22 | 2.83 | 10.51 | 8.73 | 7.56 |
| 四省均值 | 17.53 | 8.96 | 2.88 | 5.48 | 2.38 | 10.01 | 7.67 | 5.65 |

数据来源：根据调研资料整理和分析。

# 第五章

## 发展目标设定

当前，样本林场发展水平得分均值达到 60.54 分（≥60 分），表明总体上已经实现了标准化要求，但由于各地各个林场发展水平参差不齐，真正实现标准化（即发展水平得分≥60 分）只有 12 个，占比 57.14%。目前发展水平最高的林场为 FF4（75.90 分），离 85 分的现代化林场目标依然相差甚远。

# 一、总体发展目标设定

2018—2025 年，加快国有林场标准化和现代化建设，力争到 2025 年全面实现标准化、初步实现现代化。2026—2035 年，加快国有林场的现代化建设，力争 2035 年基本实现现代化。

到 2035 年，我国国有林场的总体发展目标如下。

## （一）森林资源保护力度得到加强，保护效果得到提高

适度提高公益林面积，全面建立森林资源管护制度，加强森林管护员队伍建设，切实提高森林资源管护水平，降低森林火灾和林业有害病虫害成灾面积。提高森林经营方案编制的科学性，提高森林经营水平。

## （二）森林资源数量实现增长，森林资源质量实现提高

通过大规模造林，提高森林覆盖率，增加森林资源蓄积量。通过加强森林经营，全面提高森林质量，单位面积森林蓄积量和大径材占比两个指标均要全面提高。

## （三）林业产业得到发展，财务状况得到改善

在保护森林资源的前提下，加快林下种养殖与森林旅游等产业发展，优化产业结构，拓展林场增收渠道，改善林场财务状况。

## （四）民生建设得到巩固

全面提高职工社会保障覆盖率，实现应保尽保。通过增加财政投入和发展产业等方式，稳步提高职工收入水平。

## （五）人才队伍结构得到优化

大力度通过公开招考方式引进青年专业人才，切实扭转国有林场人员老化和专业技术人员匮乏问题。

## （六）资金支持力度加大

加大财政支持力度，全面落实定编定岗，编制人员费全部纳入地方财政预算。创新体制机制，吸纳社会投资，提高林场经营管理活力。

## （七）公共基础设施得到改善，信息化与机械化水平得到提升

加大林场基础设施投入，将林区基础设施全面纳入地方规划。全面提升林场信息化和机械化水平。

## （八）人事和财务制度进一步完善

完善人事管理制度，健全财务管理制度，为林场现代化发展提供内部制度保障。

# 二、近期发展目标设定

表 5-1 是国有林场中长期发展主要指标表。由表 5-1 可见，到 2025 年，全国国有林场发展水平均值应达到 70 分，90%以上的林场应达到或超过 60 分，30%以上的林场应达到或超过 85 分。

**表 5-1　国有林场中长期发展主要指标**　（单位：分）

| 一级指标 | 赋值（满分） | 2017 年 | 2025 年 | 2035 年 |
|---|---|---|---|---|
| A1. 森林资源保护 | 20.36 | 17.53 | 18.5 | 19 |
| A2. 森林资源培育 | 16.67 | 8.96 | 11 | 14 |
| A3. 产业发展与经济效益 | 5.97 | 2.88 | 3 | 5 |
| A4. 民生建设 | 6.86 | 5.48 | 6 | 6 |
| A5. 人才队伍 | 6.59 | 2.38 | 3 | 5 |
| A6. 资金支持 | 15.34 | 10.01 | 11.5 | 13 |
| A7. 基础设施 | 14.31 | 7.67 | 9 | 11 |
| A8. 制度建设 | 13.9 | 5.65 | 8 | 12 |
| 合计 | 100.00 | 60.54 | 70 | 85 |

数据来源：根据调研资料整理和分析。

## 三、远期发展目标设定

到 2035 年，全国国有林场发展水平均值应达到 85 分，60%以上的林场应达到或超过 85 分。

# 第六章

## 分区域、分类型典型模式

从经济发展水平看，东部、中部、西部与东北四大区域差异较大，其中以东部地区经济发展水平最高。经济基础决定上层建筑，区域经济发展水平决定地方财力（逄锦聚，2018）。在某种程度上，地方财力决定着辖区内国有林场发展模式的选择。

国有林场单位性质也是影响林场发展模式选择的重要原因。通常，国有林场单位性质主要包括公益一类事业单位、公益二类事业单位与企业性质单位（包含生产性企业、公益性企业、自收自支事业单位）三类。单位性质既决定着国有林场主要功能与基本职责，也决定着地方财政支持方式。对公益二类国有林场未来的发展方向：要么根据实际情况转化为公益一类，要么转化为企业性质；或者对其进行拆分，有公益属性的部分划定为公益一类，其余部分划定为企业性质。因此，本研究只考虑公益一类和企业性质两种类型。

基于所处区域与单位性质划分，可以将国有林场划分为 8 种模式。表 6-1 是国有林场 8 种发展模式，其中前面加"√"的 6 种是最为常见的形式。本书仅分析 6 种常见形式。

**表 6-1  国有林场典型模式**

| 区域 | 公益一类 | 企业性质 |
| --- | --- | --- |
| 东部 | √东部-1 | √东部-2 |
| 中部 | √中部-1 | 中部-2 |
| 西部 | √西部-1 | 西部-2 |
| 东北 | √东北-1 | √东北-2 |

资料来源：根据调研资料整理和分析。

为实现 2025 年和 2035 年提出的发展目标，各地国有林场应遵循分类分区域原则，积极探索因地制宜的发展模式。

# 一、东部-1

## （一）典型林场简介

吴中林场（即江苏省苏州市吴中区林场）地处江苏省苏州市，为苏州市区属林场。全场经营总面积 1.46 万亩，属于小规模林场。该林场于 1952 年成立，建场初期为全额拨款事业单位，其主要职责是造林绿化与营林管护；20 世纪 80 年代初期，林场变成了生产经营型自收自支事业单位；1993 年，林场加挂了"东吴国家森林公园"牌子；2003 年，实行转企改制，剥离了林场下属的穹窿山景区和吴林园林绿化工程有限公司，林场改为差额拨款事业单位；2018 年 1 月，林场又改为公益一类全额拨款事业单位，为区政府直属正科级事业单位。

## （二）林场特征分析

### 1. 优势

首先，通过本轮国有林场改革，解决了长期困扰林场发展的社会负担和历史债务问题。林场富余职工得到安置，历史债务得到缓解，社保政策得到落实，林场在探索长远发展方面没有负担和包袱。其次，由于地处东部经济发达地区，地方财政实力雄厚，林场人员经费与项目建设开支经费比较充裕。再次，林场地理位置好，工资收入有保障，招聘各类专业人才比较容易，人员素质高，人才结构较好。现有在编职工大部分拥有大专以上学历，学习能力强、专业素质比较过硬。

### 2. 劣势

首先，林场规模比较小，土地经营面积不足 2 万亩，而且分布较为分散，发展空间受限。其次，森林资源质量不高，森林生态系统服务功能有限。目前，林场单位面积森林蓄积量55.65 立方米/公顷，远低于全国平均水平（89.79 立方米/公顷）。其主要原因是林分多属于中幼林、小径材林分，成熟林和大径材林分非常少。

### 3. 发展机遇

首先，随着经济的发展，周边居民生活水平高，对森林旅游需求日益增长。其次，区委、区政府高度重视生态文明建设和国有林场建设。从调研中了解到，林场只要提出合理的项目建设资金需求，区政府及区财政都能及时加以解决。

### 4. 主要挑战

首先是生态文明建设对森林生态系统服务功能提出了更高要求，但现有森林资源总体上质量较低，例如，单位面积森林蓄积量较低、人工纯林较多、小径材林分较多。如何精准提升森林质量成为林场当前亟待解决的重要问题。

## （三）林场标准化和现代化发展的主要路径

### 1. 创建"智慧林场"

通过创建"智慧林场"，加强森林资源保护。"智慧林场"信息管理系统主要由林场森林管护系统、林场内部管理系统和林场科普宣传网站等构成。该系统利用云计算、物联网、大数据、移动互联网等新一代信息技术实现"智慧林场"，形成林场立体实时感知、管护协同高效、生态价值凸显、服务内外一体的"智慧林场"新模式。

### 2. 实施森林质量精准提升工程

森林质量精准提升的主攻方向和重点是培育大径级材，基本原则是以优质生态产品供给为主攻方向，以多功能森林经营理论为指导，坚持目标引领、示范推动，分区、分类、因林施策，全面保育天然林、科学经营人工林，完善政策支撑机制，创新经营技术模式，培育"结构合理、系统稳定，功能完备、效益递增"的森林生态系统。

### 3. 大力发展森林生态旅游

以建设和经营"东吴国家森林公园"为抓手，大力发展森林生态旅游。大力发展森林生态旅游的同时，坚持把森林资源保护放在优先发展的位置，紧紧围绕"山水苏州、人文吴中"品牌和建设"强、富、美、高"林场为目标，协调推进林业建设、景区建设、经济建设和社会民生等各项工作。

# 二、东部－2

## （一）典型林场简介

磨盘山林场（即江苏省句容市磨盘山林场）是以经营生态公益林为主的国有林场，位于句容市的最南端，东南与常州市的金坛、溧阳相邻，西与南京市的溧水接壤。全场下设 3 个工区、一个茶场（即磨盘工区、大山口工区、牧羊场工区、茶场），总经营面积 2.39 万亩。全场生态公益林面积 1.60 万亩，占比 66.95%；森林覆盖率达到 96.2%，森林蓄积量 8.54 万立方米，单位面积蓄积量 56.93 立方米/公顷。2000 年，磨盘山林场转制为企业性质的国有林场，本轮改革将其转型为公益性企业。

## （二）林场特征分析

### 1. 优势

具有较好的产业基础。一方面拥有种苗及良种基地、茶园、果园、林下种植基地，另一方面初步具备了开展森林旅游的基础设施，这为未来林场发展产业奠定了坚实的基础。

### 2. 劣势

首先是基础设施薄弱。由于长期基础设施投入不足，导致林区道路密度低、管护站数量太少与饮水设施不足等问题较为突出。由于饮水设施不足，林场职工生产生活用水还存在一定困难。除林场场部外，两个工区及几十个管护点无法供水到位，职工只能依靠井水、塘水等解决临时饮水问题。遇到干旱天气，饮水安全问题更为突出。其次，职工老龄化与专业技术人才匮乏较为突出。林场在职职工 63 人，但平均年龄接近 50 岁，老中青比例严重失调。由于长期未招聘新职工，青年和专业技术人才严重匮乏。

### 3. 发展机遇

首先，林场地处经济发达地区，周边居民对森林旅游和森林生态产品的需求日益增长，这些需求将有力地支撑林场产业发展。其次，市委、市政府高度重视国有林场工作，逐步加大对林场建设的财政支持力度。

### 4. 主要挑战

首先是土地经营规模小，分布较为分散，管理难度大，发展空间有限。其次是森林质量低、森林生态系统服务功能有限。

## （三）林场标准化和现代化发展的主要路径

### 1. 加强森林资源保护

首先，加大森林防火宣传力度，增强全民防火意识；加强火源管理，健全森林防火工作责任制。其次，坚持预防为主、综合治理的防治方针。再次，对林场内的古树名木挂牌，建立电子档案，改善周边生态环境。实施古树名木保护认领制度，专人专责，定时检查维护。

### 2. 强化森林资源培育

坚持适地适树，重点选择冬青、榉树、麻栎、紫楠、栓皮栎、黄檀、青冈栎等乡土珍贵阔叶树，细致整地、精心栽植，及时管理。其次，全面或块状除草、培土、除萌、松土、施肥等。再次，综合运用多种抚育方法，做到宜伐则伐、宜抚则抚、宜修则修，林中空地补植和封育相结合，做到因地制宜、因需施策、科学培育。

### 3. 大力发展多种经营

首先，按苗圃建设的技术要求，新建育苗基地，做好密度控制、抚育管理、病虫防治等。其次，维护老茶园，不再新增茶园，重点打造茶叶品牌，提升茶叶质量。再次，对板栗进行高接更换良种等综合措施，达到高产优质标准。最后，重点开展森林景观改造、基础设施建设、游憩区生态文化建设和休闲、度假、娱乐、康体示范基地建设；优先开展茶园景观改造，发展茶园观光休闲游。

### 4. 加强基础设施建设

首先是公共服务设施建设，如职工文化活动中心、环卫设施、文体广场、办公用房维修等。其次是生产设施建设，如护林点、科研设施、交通设施、配套设施等。

### 5. 创新选人用人机制

首先，采用公开招考方式选聘优秀大学生和研究生。其次，采用委托培养和在职培训等多种方式加强对现有职工的培养力度。再次，逐步实行岗位聘用制和绩效工资，提高职工工作积极性。

# 三、中部-1

## （一）典型林场简介

向阳林场（即山西省汾阳市向阳林场）是一个以森林资源保护和生态公益林建设为主的生态公益型林场，被定性为正股级公益一类事业单位。林场地处山西省吕梁市汾阳市，东西长40千米，南北宽10千米，东与文水县、西与中阳县、北与离石区接壤，全场经营总面积22.12万亩。全场90%以上属于公益林，公益林中大多数是灌木林。森林面积3.46万亩，森林覆盖率仅15.64%；森林蓄积量11.8万立方米，单位面积蓄积量为51.16立方米/公顷。

## （二）林场特征分析

### 1. 优势

向阳林场通过天然林保护工程的实施彻底改变了林场经营方向，由生产经营型变为生态保护型。该场通过几十年的经营管理、保护和调整，已形成具有一定规模的天然林保护基地和较完备的生态体系。

### 2. 劣势

首先是公益林质量不高，大部分公益林是灌木林。在现有林分中，存在着中幼林多、近成过熟林少，树种比较单一，混交林比例相对小等问题，森林抵御火灾和病虫害等功能较弱。其次是林业产业发展滞后。虽然林区产业建设有所推进，但是受资金、政策、环境等各方面的制约，森林经营的科技含量不高，竞争力不强，林区的产业发展步履艰难，缺乏充足的资金支持，推进速度慢，发展规模小，经营水平低，收入不稳定，缺乏龙头项目和主导产品。再次，行政级别低，作为正股级林场，话语权不足。

### 3. 发展机遇

市委、市政府高度重视生态文明建设工作，重视国有林场在生态文明建设中的重要作用。

### 4. 主要挑战

首先是经济发展和森林保护的矛盾。地方政府为了发展经济，毁林开发的趋势蔓延。其次是粮食种植和森林保护的矛盾。为追求经济利益，少数农民仍从事毁林开垦活动，而政府部门对此打击不力。

## （三）林场标准化和现代化发展的主要路径

### 1. 加强森林资源保护

森林保护规划要坚持"预防为主，科学防控，依法治理，促进健康"的方针和可持续控灾战略，建立布局合理、技术先进、管理高效的林业有害生物预防体系，实现对林业有害生物的实时监测、及时预警、有效封锁和科学除治，防止区域外的林业有害生物入侵和区域内的林业有害生物传出，实现对林业有害生物的可持续控制，保障林业健康发展，保护生态安全。

### 2. 强化森林资源培育

森林资源培育工作是林场发展的基础工作，关系到林场今后的生存与发展。认识利用自然力和重视科学技术，从种苗培育到造林、育林，明确经营目标，注重适地适树；大力发展速生丰产林，采取积极措施快速培育森林资源，加快森林采伐利用，保证迹地及时更新，调整林分结构，加强中幼林抚育管理，提高林分单位面积产量和质量。通过多形式合作造林，扩大林场经营规模，增加林场资源总量。

### 3. 创新体制机制，加快产业发展

首先，坚持"国有体制不变、经营机制放活"的原则，吸引多种所有制经济参与国有林场建设发展，拓宽融资渠道，实现资金投入多元化，大力发展混合经济。其次，打破国有国营经营的格局。对租赁、联营合作等各类资源，建立林场、分场或其他实体运行机制，鼓励国有林场职工积极参股投资经营，拓宽职工通过投资增加收入渠道，使职工真正成为林场的主人，做到"与场同兴、与场共荣、心心相应、息息相关"。再次，在有效保护自然生态环境和森林旅游资源的前提下，通过科学规划，合理布局国有林场生态旅游建设规划，开发富有地方特色的森林生态旅游精品，发展壮大森林旅游业，拓展国有林场产业结构。最后，建立国有林场项目策划生产、储备、推介、招商，建设、跟踪、评价和服务等有效工作机制，以策划重大项目为突破口，通过招商活动，以大项目吸引资金、技术、人才和市场，带动国有林场经济大发展。

### 4. 加强人才队伍建设

首先是提高职工素质，建立定期培训教育机制，保证经费投入，促进职工成长。其次是适时补充不同层次和不同专业的技术人才，以适应国有林场各项事业的发展需求。

### 5. 开展技术攻关

加强与林业研究机构、大专院校合作，对林业生产急需课题、关键技术和基础研究进行重点攻关，特别是加强速生丰产

用材林树种，名、特、优、新经济林品种，珍贵乡土树种，抗逆性强的防护林树种的技术攻关，提高自主创新能力。

### 6. 加强内部制度建设

梳理国有林场的管理经验，制订操作性强的内部管理制度，做到开源节流，提高效率。完善机构设置、民主管理、计划管理、财务管理、资源培育、木材产销管理、科技管理、多种经营管理、基建工程管理、内部审计监督、安全生产管理、人事工程管理、劳动管理、廉政建设等方面的制度，强化科学和规范化管理。

# 四、西部-1

## （一）典型林场简介

洪雅林场（即四川省洪雅县国有林场）位于四川省眉山市洪雅县，属于副处级公益一类事业单位，其经营面积 90.2 万亩，有林地面积 85.5 万亩，辖区 90% 以上的森林为生态公益林，属西部地区大规模生态公益性林场。

## （二）林场特征分析

### 1. 优势

洪雅林场生态区位优势明显。该林场地处长江上游青衣江流域，是全国生态建设的核心区、生物多样性富集区、长江上游重点水源涵养区，经营面积超过 90 万亩，约占县域国土面积的 33%、森林面积的 50%，在县域生态文明建设中，发挥着主力军作用，是洪雅国家级生态县的重要支撑，生态区位十分重要，生态功能显著。

## 2. 劣势

首先是林场人员负担较重，职工年龄老化、思想保守、观念滞后，富余职工的消化任务很重。其次是改革发展滞后，管理体制、运行机制的根本问题未能解决，吃"大锅饭"现象严重。再次是林场交通、通讯、用水、用电等基础设施建设滞后，与国家提出的现代国有林场的建设目标仍有较大差距。

## 3. 发展机遇

首先，党的十八大确立了"树立尊重自然、顺应自然、保护自然的生态文明理念，把生态文明建设放在突出地位，融入经济建设、政治建设、文化建设、社会建设各方面和全过程，努力建设美丽中国，实现中华民族永续发展"的生态文明建设战略，为洪雅林场未来发展指明了方向。其次，中共洪雅县委、县政府出台了《关于"两化"互动旅游驱动统筹城乡科学发展的实施意见》，提出了"融入大峨眉，建设天府花园，依托资源优势发展生态旅游，打造国际休闲度假体验游目的地，让'养心之地·山水洪雅'绽放四川、芳香全国、吸引世界"的发展思路，为该林场的发展提供了极佳的外部环境。

## 4. 主要挑战

"产业兴、林场强、林区活、职工富"。但按照国有林场改革文件要求，绝大部分林场原产业被剥离出去，使林场相当程度失去了森林优势资源的经营管理主体地位，失去重要工作抓手，失去了在当地已取得的重要经济社会地位，长此以往，国有林场的地位和作用得不到提升，反而下降。森林优势资源从林场的剥离，浪费了林场原有的经营优势、体制优势、人才优势，增加了剥离产业和企业的经营成本、经营难度，不利于剥离产业的调整、优化，不利于其持续健康发展。

## （三）林场标准化和现代化发展的主要路径

### 1. 加强森林生态保护力度

首先，继续禁止天然林的商品性采伐，对全场天然林、人工林采取划片巡护等措施实施有效管护。其次，设置森林公安林场警务室，加大对涉林违法犯罪行为的打击力度。巩固边界清理成果，每年开展边界巡查，严格执行林地管理。第三，本着"预防为主、积极消灭、综合治理"的原则，积极推进依法防火和科学防火，修建集森林防火、旅游观光为一体的多功能瞭望塔一座，加强瞭望监测。最后，按照"依法保护、科学管理、积极发展、合理利用"的方针，进一步加强珍稀、濒危野生动植物以及典型生态系统的保护。

### 2. 积极培育高效优质森林

坚持保护生态环境与可持续发展，优化环境，分类经营，科技兴林，量质并重等原则，处理好森林资源培育保护与开发利用的关系，实现森林资源的持续增长和合理利用。通过建设生态公益林，进一步改善本地区生态环境，处理好生态林和商品林建设的关系，实现林业生态、经济、社会效益的最大化。

### 3. 充分发掘产业发展潜能

首先是根据市场需求完善木材经营机制。对主伐林木实行公开竞卖，对间伐林木实行生产成本竞价承包，林木生产、销售随行就市，最大程度将林木资源优势转化为资金收入优势。其次是借势引资，开发生态旅游产业。以自然森林景观为主体，以人文古迹、道教文化、佛教文化和祭祖文化为依托，以云雾方舟、山水瓦屋、山水奇观、四季休闲为主题定位，围绕踏春、避暑、赏秋、观雪引领生态旅游，又充分利用林场境内风景秀美，资源独特，区位条件好，市场优势突出，有利于借势全面协调开发的优势，突破体制和资金制约，按照招大引强、选优选精、高端定位的原则，引进资金企业、有序开发自然资源，让林区变景区、林场变市场，把林场内国家森林公园各景区建设成为一个综合性、多功能的国家级 AAAA 生态旅游区，打造国际休闲度假体验游目的地。再次是因势利导，加快林下特色经济发展。

### 4. 实施科技兴林战略

按照用苗生产区域化、供应基地化、质量标准化、造林良种化的要求稳步推进良种基地建设、品种结构调整、种质资源清查和种质资源保护。按照"预防为主、科学防控、依法治理、促进健康"的方针，着力抓好蛀干害虫、松鼠危害治理，实现危害的持续控制。提高科技成果转化率，加速在洪雅林场的推广应用，使科技成果尽快形成林业生产力。

### 5. 加强人才队伍建设

在改善国有林场生产生活基础设施条件的基础上，还要在绩效考核、津补贴等政策上予以倾斜激励（如参照教师行业基本工资上浮 10% 或制定林区津贴政策等），使林业行业待遇优于其他行业，才能使生产生活条件恶劣的国有林场吸引人才、留住人才、成就人才。

### 6. 全力改善生产生活条件

坚持生态优先，以现有资源为基础，积极争取并实施好国有林场危旧房项目，新建、改建、扩建相结合，以人性化需求为导向，使基础设施建设既有现实性又有前瞻性。

# 五、东北-1

## (一)典型林场简介

蛟河总场(即吉林省吉林市蛟河市国有林总场)地处吉林省吉林市蛟河市,为副科级公益一类事业单位,经营面积682.12万亩,生态公益林面积占比超过一半,为东北地区大规模生态公益性林场。蛟河总场现有18个分场,1个国家级森林公园。18个分场属于企业性质林场,无行政级别。10个事业编制都集中在总场,其人员经费由财政解决;分场3 000多名职工全部属于企业性质职工,其人员经费需要林场自身筹集资金解决。

## (二)林场特征分析

### 1. 优势

林场经营规模较大,林分质量较高。全场森林面积343.54万亩,占总经营面积一半左右。森林蓄积量2 719.35万立方米,单位面积森林蓄积量达到118.74立方米/公顷,远超过全国平均水平(89.79立方米/公顷)。

### 2. 劣势

首先,随着天然林禁伐政策的实施,林场木材经营收入大跌。其次,所在蛟河市地方经济发展水平不高,能够给予林场的支持资金十分有限。

### 3. 发展机遇

当前市委、市政府高度重视公益林保护和生态文明工作。蛟河总场聚集了大量天然林或公益林资源,成为地方加快推进生态文明建设的主战场。

### 4. 主要挑战

首先，历史性债务沉重。蛟河市林业局先后于 2010 年、2011 年在蛟河市区、天岗镇建设廉租房和实施危旧房工程。经统计，林场累计向金融机构贷款合计 1.28 亿元，向社会借资 1 210 万元，累计债务达 1.39 亿元，每月需支付利息 100 万元。其次，富余人员开支负担重。全市国有林场（苗圃）共有在职职工 3 275 人，目前富余人员达 1 437 人，林场每年需缴纳单位承担的社保、医保费用和支付离岗创业补助达 1 800 余万元。再次，林场职工工资待遇偏低。由于富余人员过多，占用了大量资金，致使林场职工工资在吉林地区处于低水平，职工盼望涨工资的愿望强烈，甚至多次到蛟河市林业局及市政府上访。

### （三）林场标准化和现代化发展的主要路径

#### 1. 加强森林资源保护与培育

首先是强化森林资源保护。严厉打击破坏森林资源的违法犯罪行为。加强森林防火和林业有害生物防治，完善森林防火预防、扑救、保障三大体系，健全监测预警、检疫检查、防治减灾和服务体系建设，切实有效保护森林资源。其次是加强森林资源培育。推进森林抚育和经营样板基地建设，优化林分结构，加快林木生长，提高林地生产力和森林质量。促进森林自然恢复。着力培育和保护乡土珍贵树种资源，以调整现有林分结构为主，新植为辅，大力营造以红松、云冷杉、水曲柳、柞树、椴树等珍稀树种为主的优质用材林，建立大径级用材林培育基地。

#### 2. 促进林业产业发展

发挥林业资源多样性优势，改造提升传统产业，培育壮大新兴产业，按照规模化、集约化、产业化发展方向，重点发展现代森林培育业、林下种养殖、经济林产业、木材精深加工产业、林特产品加工业以及森林旅游等产业，构建现代林业产业体系。

### 3. 加快生态移民搬迁

白山林区是我国十大生态安全屏障之一，是东北亚生物多样性的核心承载区。生态移民工程事关蛟河区域可持续发展，事关国家乃至东北亚的生态环境安全，战略意义十分重大。加快进行林区林业工人和林业单位生态移民，既能减少对林业资源的人为破坏，实现人与自然的和谐共赢发展，又能把林区职工聚集到城镇，提高他们的生活水平和居住条件，为生态环境保护、经济社会发展和城镇化建设拓宽空间。

### 4. 争取财政资金支持

由于林场职工数量多，加之木材经营收入骤降，当前林场面临人员经费短缺问题。未来应积极向上级政府部门积极反映现实需求，通过各种形式争取财政资金支持。

# 六、东北-2

## （一）典型林场简介

蛟河实验局（即吉林省蛟河林业实验区管理局）与上营经营局（即吉林省上营森林经营局）分别位于吉林省吉林市蛟河市与舒兰市，均属于企业性质林场（或自收自支事业单位），其经营面积分别48.02万亩与171.69万亩，森林面积分别为42.46万亩和144.17万亩。

### （二）林场特征分析

#### 1. 优势

首先，蛟河实验局隶属于吉林省林业局直属单位，而上营经营局隶属于吉林市林业局，两者的管理层级较高，使得它们在争取上级部门政策支持方面具有优势。其次，两个林场森林资源丰富，林分质量比较高。从单位面积森林蓄积量看，两者分别达到 169.68 立方米/公顷与 153.43 立方米/公顷，远高于全国平均水平（89.79 立方米/公顷）。

#### 2. 劣势

蛟河实验局与上营经营局在职职工人数分别达到 156 人与 2 048 人，由于天然林禁伐政策的实施，木材采伐收入出现断崖式下降，林场经营面临很大人员经费压力。

#### 3. 发展机遇

面对天然林停采形势，积极寻找新的经济增长点。依托森源优势和区位优势，及时找准定位，把开发生态旅游作为转型发展的主攻方向。

#### 4. 主要挑战

首先是天然林停伐，木材经营收入骤降，林场人员经费和发展资金不足。其次，原有从事采伐管理的职工大量富余，如何妥善安置是亟待解决的重要问题。再次，如何尽快实现林业产业转型迫在眉睫。

### （三）林场标准化和现代化发展的主要路径

#### 1. 加强森林资源保护和培育

首先，积极组织开展植树造林、森林抚育、林木良种培育、林业有害生物防治、林政稽查、森林管护、森林防火等工作。其次，强化森林防火责任落实、防控措施、队伍建设和基础设施建设。再次，对犯罪分子和破坏林木资源等行为进行强有力的打击，有效保护国有资源安全。

### 2. 加快产业转型发展

蛟河实验局：积极发展林木种苗、坚果、林下种植业；引进社会资本，大力发展森林旅游业；扩大森林资源有偿使用制度实施范围，鼓励职工承包国有林地经营林下种养殖业。

上营经营局：2014 年在全面禁止天然林采伐工作以后，林木采伐和加工业受到很大影响，为此，应转变下属森盈木业公司的经营方式，采取厂房设备租赁或承包经营的方式。同时，一方面加大招商引资力度，引入企业或鼓励职工进行森林食品精深加工，延长红松籽、山核桃、山野菜等森林食品加工的产业链条，提高附加值；另一方面，开展林下种植养殖、森林食品精深加与森林旅游等多种经营活动。

### 3. 加强人才队伍建设

强化职工整体素质教育，搞好人才战略储备，全面提高职工的综合素质，逐步实现高效管理的企业人才队伍，为企业的长远发展提供人才保障。

### 4. 实现经济发展可持续

当前国有林场资金很大程度上依赖天保工程。如果没有天保工程资金投入的支持，两个林场短时间内无法找到替代收入，职工生活将难以为继。然而，工程资金毕竟是短期性、周期性资金，千方百计实现林场经济可持续发展是重中之重。

### 5. 加强基础设施建设

进一步改善森林防火、林区道路、供电和饮用水安全、森林管护和有害生物防治等林区基础设施。

## 6. 建立以购买服务为主的公益林管护机制

随着国有林场改革的深化，林场职工人数逐渐下降，但公益林管护的任务仍然很繁重。为引进社会力量参与公益林管护，需要全面引入市场机制，建立以政府购买服务为主的公益林管护机制，最大程度调动护林员的工作积极性。

# 第七章

## 主要结论和政策建议

# 一、主要结论

## （一）国有林场标准化和现代化建设的指导思想应以党的十九大精神为指导，深入贯彻习近平生态文明思想

以党的十九大精神为指导，深入贯彻习近平生态文明思想，牢固树立绿水青山就是金山银山的理念，坚持山水林田湖草系统治理，深入实施以生态保护为主的国有林场发展战略，以维护森林生态安全为主攻方向，以增绿增效为基本要求，加强资源培育与生态修复，全面深化国有林场改革，创新体制机制，加快推进国有林场标准化和现代化建设。

## （二）国有林场标准化和现代化建设必须坚持生态优先，分类分区施策等基本原则

国有林场标准化和现代化建设必须坚持生态优先，保护培育森林资源；坚持以人为本，改善林场职工生产生活条件；坚持创新体制机制，增强林场发展活力；坚持因地制宜，分类分区施策；坚持科技创新，发挥林场示范引领作用。

## （三）国有林场发展水平评价指标体系由 8 个一级指标组成，其中以森林资源保护和培育两个指标的权重为大

国有林场发展水平评价指标体系包括 8 个一级指标、13 个二级指标、36 个三级指标。其中，一级指标包括森林资源保护、森林资源培育、产业发展和经济效益、民生建设、人才队伍、资金支持、基础设施与规章制度建设。从一级指标权重看，最大的是"森林资源保护"（20.36%）与"森林资源培育"（16.67%），其次是"资金支持"（15.34%）、"基础设施"（14.31%）与"制度建设"（13.90%），再次是"民生建

设"（6.86%）、"人才队伍"（6.58%）与"产业发展与经济效益"（5.97%）。

## （四）国有林场标准化建设目标总体上基本实现，但现代化建设目标总体上远未实现

样本林场发展水平得分均值为 60.54 分（≥60 分），标准差 6.39，区间分布范围是 48.78~75.90 分；最小值是 48.78 分（FF18），最大值是 75.90 分（FF4），极差为 27.12。在样本林场中，实现标准化（即发展水平得分≥60 分）的林场 12 个，占比 57.14%；但目前尚未有一个样本林场实现现代化（即发展水平得分≥85 分）。

## （五）我国国有林场中长期发展应分两步走，到 2035 年基本实现现代化

2018—2025 年，加快国有林场标准化和现代化建设，力争到 2025 年全面实现标准化、初步实现现代化。2016—2035 年，加快国有林场的现代化建设，力争 2035 年基本实现现代化。

## （六）我国国有林场标准化和现代化发展应遵循分类型、分区域原则，走差异化发展道路

为实现中长期发展目标，国有林场应遵循分类型、分区域原则，特别考虑单位性质类型和区域发展水平因素。依据这两种因素，国有林场发展模式应主要包括 6 种：东部-1、东部-2、中部-1、中部-2（待进一步研究）、西部-1、西部-2（待进一步研究）、东北-1 与东北-2。每种模式均具有各自的优势、劣势，其实现发展目标的路径各有特点。

# 二、政策建议

## （一）加强森林资源保护和培育

健全森林资源保护制度，约束随意作为和冲动蛮干行为。完善森林和野生动植物资源资产产权制度和林地、湿地用途管制制度，编制自然资源资产负债表，建立和实行国有林场主要负责人自然资源资产离任审计制度。完善国有林场政绩考核机制，建立生态文明建设目标责任制，将森林覆盖率、森林蓄积量、森林质量等指标列入考核范围，并加大考评权重。建立森林资源保护责任追究制度，对行政不作为、乱作为等问题，坚决倒查问责，并终身追究责任。严肃处理违法审批、越权审批等违法行政行为。加强森林经营方案编制和实施，建立自然资源有偿使用制度，提高森林经营水平，精准提升森林质量。

## （二）加大资金投入

首先是加大公共政策投入。各级政府应积极筹措财政资金，通过加大资金整合力度、盘活存量资金、增加公共财政预算对国有林场的支出。重点是将事业编制人员全额纳入地方财政预算，将国有林场基础设施建设纳入同级政府建设规划。其次是完善财政补贴、财政贴息和土地利用政策，引导国企、民企、外企、集体、个人、社会组织等参与国有林场标准化和现代化建设，积极筹集非财政资金。再次是完善金融支持政策。加大金融创新力度，开发林业金融产品。开发性、政策性金融机构在业务范围内，应根据职能定位为国有林场发展提供信贷支持。探索运用企业债券、投资基金等新型融资工具，多渠道筹措建设资金。

### （三）加强人才队伍建设

坚持"人才是第一资源"的理念，切实用好现有人才，大力培养关键人才，大胆引进急需人才，努力储备未来人才，优化人才队伍结构，切实扭转林场人员老化和专业技术人才匮乏状况。采用公开招考方式招聘优秀专业技术人才和管理人才，解决林场面临的人才断层问题；同时，加强林场现有人才的培训，切实提高他们的业务技能和整体素质。完善人才评价机制，营造公开、公平、公正的竞争环境和人尽其才的良好氛围，为引进、培养、留住和用好一批林业领军人物与后备人才创造条件。

### （四）强化科技支撑

组织实施国有林场生态建设与生态安全、林业生物技术及良种战略、森林生物种质资源保护与利用、林业产业发展、林业信息技术、林业科技推广示范与科普、林业标准化、林业科技创新能力建设等重点林业科技工程。通过整合科技资源，加强各相关部门、科研院所、大专院校交流合作，围绕国有林场生态建设重点、难点组织开展科技攻关，大力开发相关的实用技术和关键技术，为国有林场生态建设提供强有力的科技支撑。

### （五）加强基础设施建设

按照保障投入、分级负责的原则，加强国有林场基础设施建设，将国有林场房屋、道路、水利、供电、饮水安全、通讯、广播电视、森林防火、有害生物防治等基础设施建设纳入同级政府建设计划，同等享受农业农村发展和乡村振兴有关扶持政策。

### （六）加强规章制度建设

一是完善人事管理制度。建立健全人才评价、岗位设置、绩效考核等管理制度，科学合理评价职工业绩，充分调动职工积极性。二是健全财务、生产等各项规章制度，实现国有林场各项工作有法可依、有章可循、管理规范。

# 附　　表

# 附表1 国有林场发展水平评价指标体系

| 一级指标 | 二级指标 | 三级指标 | 指标计算公式 |
|---|---|---|---|
| A1. 森林资源保护 | B1. 保护力度 | C1. 是否建立森林资源管护责任制 | 是=1；否=0 |
| | | C2. 单位面积护林员数 | 护林员总人数/有林地面积 |
| | | C3. 森林经营方案执行程度 | 林场森林经营方案的具体执行程度 |
| | | C4. 生态公益林面积占比 | 各级生态公益林面积/有林地面积 |
| | B2. 保护效果 | C5. 森林火灾面积占比 | 森林火灾面积/有林地面积 |
| | | C6. 林业有害生物成灾面积占比 | 林业有害生物成灾面积/有林地面积 |
| | | C7. 被征占用林地面积占比 | 被征占用林地面积/有林地面积 |
| | | C8. 林权纠纷林地面积占比 | 林权纠纷林地面积/有林地面积 |
| A2. 森林资源培育 | B3. 森林资源数量 | C9. 森林覆盖率 | ［（有林地面积+国家特别规定的灌木林面积+四旁树面积+林网面积）/林场经营总面积］×100% |
| | | C10. 森林蓄积量增长率 | （报告期森林蓄积量/基期森林蓄积量-1）×100% |
| | B4. 森林资源质量 | C11. 单位面积森林蓄量 | 报告期单位面积森林蓄积量 |
| | | C12. 大径材林分占比 | （大径材占优的林地面积/有林地面积）×100% |

（续表）

| 一级指标 | 二级指标 | 三级指标 | 指标计算公式 |
|---|---|---|---|
| A3. 产业发展和经济效益 | B5. 产业产值 | C13. 人均第一产业产值相对水平 | （林场人均第一产业产值/全省人均林业第一产业产值）×100% |
| | | C14. 人均第二产业产值相对水平 | （林场人均第二产业产值/全省人均林业第二产业产值）×100% |
| | | C15. 人均第三产业产值相对水平 | （林场人均第三产业产值/全省人均林业第三产业产值）×100% |
| | B6. 财务状况 | C16. 资产负债率 | ［林场负债总额（不包括经相关部门批准挂账的负债额）/资产（不含林木资产）总额］×100% |
| | | C17. 成本利润率 | ［（利润总额/成本费用总额）］×100% |
| A4. 民生建设 | B7. 民生建设 | C18. 职工社会保障覆盖率 | ［（加入五险一金的在职职工人数）/林场在职职工总人数］×100%。其中，五险一金全部交齐的每个人计1，只交一部分的按缴纳的保险种类数计算；如只交了养老保险和住房公积金，则该职工社会保障缴纳人数记为2/6 |
| | | C19. 职工人均收入比 | ［（在职职工年人均收入）/全省城镇居民年人均可支配收入］×100% |
| A5. 人才队伍 | B8. 人才队伍 | C20. 40岁及其以下职工占比 | ［（40岁及其以下在职职工人数/林场在职职工人数）］×100% |
| | | C21. 大专及以上学历职工占比 | ［（大专及以上职工人数/林场在职职工人数）］×100% |
| | | C22. 中级及其以上技术职称职工占比 | ［（中级及其以上技术职称职工人数/林场在职职工人数）］×100% |

（续表）

| 一级指标 | 二级指标 | 三级指标 | 指标计算公式 |
|---|---|---|---|
| A6. 资金支持 | B9. 资金支持 | C23. 人均财政投入相对水平 | （林场人均财政投入额/全省人均财政投入额）×100% |
| | | C24. 人均社会投入相对水平 | （林场人均社会投入额/全省人均社会投入额）×100% |
| A7. 基础设施 | B10. 公共基础设施 | C25. 林道密度 | 林场内林道总里程/林场经营总面积 |
| | | C26. 工区通水通电通讯率 | （通水工区数+通电工区数+手机通讯工区数）/（总工区数×3）×100% |
| | | C27. 公共建筑区每位职工占地面积 | 林场公共建筑出总面积/林场在职职工人数 |
| | B11. 专业化水平 | C28. 信息与数字化发展水平 | 办公网络的有无、地理信息系统的有无以及林场数据库信息提供的有无等 |
| | | C29. 机械化水平 | （林业生产过程机械化操作完成的产品产量/该过程完成的全部产量+林业生产过程机械化操作完成的工日数/该过程的全部工日数）/2×100% |
| A8. 制度建设 | B12. 人事制度 | C30. 公开招聘占比 | 公开招聘人数/当年新进人员数×100% |
| | | C31. 竞聘上岗占比 | 竞聘上岗/林场在职职工人数×100% |
| | | C32. 岗位绩效工资占比 | 林场在职职工岗位绩效工资总和/林场在职职工工资总和×100% |

（续表）

| 一级指标 | 二级指标 | 三级指标 | 指标计算公式 |
|---|---|---|---|
| A8. 制度建设 | B13. 财务制度 | C33. 是否属于独立核算单位 | 是＝1；否＝0 |
| | | C34. 政府购买生态公益林管护服务占比 | 政府购买生态公益林管护服务面积/林场总管护面积×100% |
| | | C35. 是否实施收支两条线 | 是＝1；否＝0 |
| | | C36. 返回收入占比 | 返回收入/上交收入×100% |

备注：（1）报告期是指 2017 年，基期是指 2016 年；（2）全国农业机械化平均水平为 66%；（3）2017 年，江苏、山西、四川、吉林人均林业第一产业产值分别为 0.129 万元、0.104 万元、0.138 万元与 0.149 万元，人均林业第二产业产值分别为 0.068 万元、0.003 万元、0.034 万元、0.036 万元，人均林业第三产业产值分别为 0.050 万元、0.012 万元、0.120 万元与 0.060 万元；（4）2017，江苏、山西、四川、吉林城镇居民年人均可支配收入分别为 4.02 万元、2.74 万元、2.83 万元与 2.65 万元；（5）2017 年，江苏、山西、四川、吉林人均财政投入额分别为 1.243 万元、0.926 万元、0.965 万元与 1.320 万元，人均社会投入额分别为 1.004 万元、0.399 万元、0.631 万元与 0.414 万元。

# 附表2　国有林场发展水平评价指标评价标准值

| 一级指标 | 二级指标 | 三级指标 | 指标性质 | 满分值 | 零分值 |
|---|---|---|---|---|---|
| A1. 森林资源保护 | B1. 保护力度 | C1. 是否建立森林资源管护责任制 | 正指标 | 是 | 否 |
| | | C2. 单位面积护林员数 | 适度指标 | 0.4～0.6人/100公顷 | ≥3人/100公顷或≤0.3人/100公顷 |
| | | C3. 森林经营方案执行程度 | 正指标 | ≥80% | ≤20% |
| | | C4. 生态公益林面积占比 | 正指标 | ≥70% | ≤50% |
| | B2. 保护效果 | C5. 森林火灾面积占比 | 逆指标 | ≤1% | ≥5% |
| | | C6. 林业有害生物成灾面积占比 | 逆指标 | ≤1% | ≥5% |
| | | C7. 被征占用林地面积占比 | 逆指标 | 0% | 10% |
| | | C8. 林权纠纷林地面积占比 | 逆指标 | 0% | ≥30% |
| A2. 森林资源培育 | B3. 森林资源数量 | C9. 森林覆盖率 | 正指标 | ≥90% | ≤60% |
| | | C10. 森林蓄积增长率 | 正指标 | ≥5% | ≤1% |
| | B4. 森林资源质量 | C11. 单位面积森林蓄积量 | 正指标 | ≥100立方米/公顷 | ≤30立方米/公顷 |
| | | C12. 大径材林分占比 | 正指标 | ≥20% | 0 |

（续表）

| 一级指标 | 二级指标 | 三级指标 | 指标性质 | 满分值 | 零分值 |
|---|---|---|---|---|---|
| A3. 产业发展与经济效益 | B5. 产业产值 | C13. 人均第一产业产值相对水平 | 正指标 | ≥200% | ≤50% |
| | | C14. 人均第二产业产值相对水平 | 正指标 | ≥200% | ≤50% |
| | | C15. 人均第三产业产值相对水平 | 正指标 | ≥200% | ≤50% |
| | B6. 财务状况 | C16. 资产负债率 | 逆指标 | ≤5% | ≥40% |
| | | C17. 成本利润率 | 正指标 | ≥5% | ≤-10% |
| A4. 民生建设 | B7. 民生建设 | C18. 职工社会保障覆盖率 | 正指标 | 100% | ≤40% |
| | | C19. 职工人均收入比 | 正指标 | ≥100% | ≤50% |
| A5. 人才队伍 | B8. 人才队伍 | C20. 40岁及其以下职工占比 | 正指标 | ≥40% | ≤1% |
| | | C21. 大专及以上学历职工占比 | 正指标 | ≥40% | ≤1% |
| | | C22. 中级及其以上技术职称职工占比 | 正指标 | ≥40% | ≤1% |
| A6. 资金支持 | B9. 资金支持 | C23. 人均财政投入相对水平 | 正指标 | ≥100% | ≤40% |
| | | C24. 人均社会投入相对水平 | 正指标 | ≥100% | ≤40% |

（续表）

| 一级指标 | 二级指标 | 三级指标 | 指标性质 | 满分值 | 零分值 |
|---|---|---|---|---|---|
| A7. 基础设施 | B10. 公共基础设施 | C25. 林道密度 | 正指标 | ≥15 米/公顷 | ≤2 米/公顷 |
| | | C26. 工区通水通电通讯率 | 正指标 | ≥90% | ≤60% |
| | | C27. 公共建筑区每位职工占地面积 | 正指标 | ≥50 平方米 | ≤20 平方米 |
| | B11. 专业化水平 | C28. 信息与数字化发展水平 | 正指标 | 均有 | 全无 |
| | | C29. 机械化水平 | 正指标 | ≥全国农业机械化平均水平 | 0 |
| A8. 制度建设 | B12. 人事制度 | C30. 公开招聘占比 | 正指标 | ≥50% | 0 |
| | | C31. 竞聘上岗占比 | 正指标 | ≥50% | 0 |
| | | C32. 岗位绩效工资占比 | 适度指标 | 50%~80% | ＞90% 或 <10% |
| | B13. 财务制度 | C33. 是否属于独立核算单位 | 正指标 | 是 | 否 |
| | | C34. 政府购买生态公益林管护服务占比 | 适度指标 | 50%~80% | ＞90% 或 <10% |
| | | C35. 是否实施收支两条线 | 正指标 | 是 | 否 |
| | | C36. 返回收入占比 | 适度指标 | 50%~80% | ＞90% 或 <10% |

# 附表3 国有林场发展水平评价 指标体系权重一览表

| 一级指标 | 二级指标 | 三级指标 |
|---|---|---|
| A1. 森林资源保护（20.36%） | B1. 保护力度（9.83%） | C1. 是否建立森林资源管护责任制（3.16%） |
| | | C2. 单位面积护林员数（2.34%） |
| | | C3. 森林经营方案执行程度（3.16%） |
| | | C4. 生态公益林面积（2.47%） |
| | B2. 保护效果（10.53%） | C5. 森林火灾控制（3.32%） |
| | | C6. 林业有害生物成灾控制（3.03%） |
| | | C7. 被征占用林地控制（2.87%） |
| | | C8. 林权纠纷处理（2.71%） |
| A2. 森林资源培育（16.67%） | B3. 森林资源数量（8.44%） | C9. 森林覆盖率（3.13%） |
| | | C10. 森林蓄积量（3.24%） |
| | B4. 森林资源质量（8.23%） | C11. 单位面积森林蓄积量（3.34%） |
| | | C12. 大径材林分（2.87%） |
| A3. 产业发展与经济效益（5.97%） | B5. 产业产值（3.71%） | C13. 第一产业产值（2.71%） |
| | | C14. 第二产业产值（2.66%） |
| | | C15. 第三产业产值（3.03%） |
| | B6. 财务状况（2.27%） | C16. 资产负债率（2.47%） |
| | | C17. 成本利润率（2.66%） |
| A4. 民生建设（6.86%） | B7. 民生建设（6.86%） | C18. 职工社会保障覆盖率（3.16%） |
| | | C19. 职工人均收入（3.32%） |

（续表）

| 一级指标 | 二级指标 | 三级指标 |
|---|---|---|
| A5. 人才队伍<br>（6.58%） | B8. 人才队伍<br>（6.58%） | C20. 40 岁及其以下职工占比（2.55%） |
| | | C21. 大专及以上学历职工占比（2.47%） |
| | | C22. 中级及其以上技术职称职工占比（2.42%） |
| A6. 资金支持<br>（15.34%） | B9. 资金支持<br>（15.34%） | C23. 人均财政投入相对水平（2.98%） |
| | | C24. 人均社会投入相对水平（2.74%） |
| A7. 基础设施<br>（14.31%） | B10. 公共基础设施（8.31%） | C25. 林道密度（2.74%） |
| | | C26. 工区通水通电通讯率（2.79%） |
| | | C27. 公共建筑区每位职工占地面积（2.32%） |
| | B11. 专业化水平（6.00%） | C28. 信息与数字化发展水平（2.92%） |
| | | C29. 机械化水平（2.74%） |
| A8. 制度建设<br>（13.90%） | B12. 人事制度（7.09%） | C30. 公开招聘占比（2.63%） |
| | | C31. 竞聘上岗占比（2.63%） |
| | | C32. 岗位绩效工资占比（2.76%） |
| | B13. 财务制度（6.81%） | C33. 是否属于独立核算单位（2.26%） |
| | | C34. 政府购买生态公益林管护服务占比（2.69%） |
| | | C35. 是否实施收支两条线（2.26%） |
| | | C36. 返回收入占比（2.42%） |

# 附表4 样本林场发展水平评价结果

| 省份 | 林场名称 | 得分(分) | 省份 | 林场名称 | 得分(分) |
|---|---|---|---|---|---|
| 江苏 | 句容市东进林场 | 62.23 | 山西 | 汾阳市向阳林场 | 53.30 |
| | 句容市林场 | 67.98 | | 关帝山林管局南海滩林场 | 54.97 |
| | 句容市磨盘山林场 | 59.41 | | 关帝山林管局吴城林场 | 52.74 |
| | 苏州市吴中区林场 | 75.90 | | 中条山林管局北坛中心林场 | 63.24 |
| | 均值 | 66.38 | | 均值 | 56.06 |
| 吉林 | 敦化市牡丹岗林场 | 57.38 | 四川 | 洪雅县林场 | 63.85 |
| | 双辽市实验林场 | 54.54 | | 邻水县万峰山林场 | 61.88 |
| | 通化县三棚林场 | 56.12 | | 绵竹市林场 | 64.91 |
| | 长春市九台区波泥河林场 | 61.25 | | 南江县大坝林场 | 67.37 |
| | 蛟河林业实验区管理局 | 68.41 | | 均值 | 65.55 |
| | 上营森林经营局 | 48.78 | | | |
| | 蛟河市国有林总场 | 60.52 | | | |
| | 临江市国有林总场 | 55.59 | | | |
| | 通化县国有林总场 | 61.05 | | | |
| | 均值 | 57.43 | | | |

# 参考文献

白兆超 . 2013. 标准化原理与林业标准实施基本策略研究综述 [J]. 现代农业科技 (2): 178-180.

陈文汇, 刘俊昌 . 2012. 国外主要国有森林资源管理体制及比较分析 [J]. 西北农林科技大学学报 (社会科学版) (4): 80-85.

陈燕申, 陈思凯 . 2017. 美国政府的联邦标准化体系研究与思考 [J]. 中国标准化 (11): 62-69.

程红 . 2018. 理清思路 狠抓落实 科学有效推进国有林场改革发展 [EB/OL]. [2018-03-22]. http: //www. china forest farm. org. cn/Item/Show. asp? m = 1&d = 4458.

程红 . 2018. 以新思想为引领 分类分区指导协调推进国有林场改革发展 [R].

褚利明 . 2012. 关于国有林场改革有关问题的思考 [J]. 林业经济 (6): 7-11.

丁娜, 张绍文, 程宝栋 . 2016. 国有林场后续产业发展现状调查及影响因素实证分析 [J]. 中南林业科技大学学报, 36 (7): 149-154.

杜林盛 . 2005. 林业现代化及其评价指标 [D]. 福州: 福建农林大学 .

冯树清, 谷振宾 . 2015. 德国国有林管理体制的研究与借鉴 [J]. 林业资源管理 (1): 179-184.

赴德国国有林保护和管理培训团 . 2015. 德国国有林管理体制的借鉴 [J]. 林业经济 (3): 115-118.

高玉东 . 2014. 林业标准化与森林经理的管理措施 [J]. 农村实用科技信息 (5): 26.

国家林业局 . 2011. 国有林场管理办法 [Z].

国家林业局 . 2013-11-7. 我国国有林场的发展历程 [N]. 人民日报 .

国家林业局 . 2015. 2015 中国国有林场发展报告［M］. 北京：中国林业出版社 .

国家林业局 . 2017. 2017 中国林业发展报告［M］. 北京：中国林业出版社 .

国家林业局 . 2018. 国有林场综合评价指标与方法：LY/T 2894—2017［S］.

国家林业局林业培训交流与国有林管理考察团 . 2011. 借鉴芬兰、英国管理经验　促进我国林业发展：芬兰英国考察报告［J］. 林业经济（12）：83-89.

国家林业局森林资源管理司国有林区管理体制改革培训考察团. 2012. 美国国有林管理体制对我国国有林区改革的启示［J］. 林业资源管理（3）：1-5.

何友均，李智勇 . 2006. 新西兰国有林管理体制改革及其对中国的启示［J］. 世界林业研究（6）：58-61.

江南，刘季英 . 2013. 国有林场职工生产生活亟待改善：关于我国国有林场职工生产生活状况的调查［J］. 林业经济（4）：16-18.

姜冰润 . 2012. 试论我国国有林场管理体制与经营机制的选择［D］. 北京：北京林业大学 .

蒋莉莉，陈文汇 . 2014. 基于有序 Probit 模型的国有林场职工生活满意度影响因素研究：以江西省为例［J］. 林业经济问题（2）：165-169.

兰月竹，吕杰 . 2013. 辽宁林业现代化评价指标体系构建与评价：以辽宁省抚顺市清原满族自治县为例［J］. 沈阳农业大学学报（社会科学版），15（2）：153-157.

李建锋，郝明 . 2008. 我国国有林场改革历程与发展思路［J］. 中国林业（20）：26-27.

李茗 . 2013. 国有林场森林资源经营模式改革的思考 [J]. 中国林业经济（6）：30-31.

李茜玲，彭祚登 . 2012. 国内外林业标准化研究进展述评 [J]. 世界林业研究（3）：6-11.

李婷婷，陈绍志，兰倩，等 . 2016. 国有林场改革形势下森林经营面临的机遇与制约因素 [J]. 林业经济（10）：13-17.

李烨 . 2015a. 多重功能需求约束下国有林场森林资源经营管理模式研究 [D]. 北京：北京林业大学 .

李烨 . 2015b. 多重功能需求约束下国有林场森林资源经营管理模式研究 [D]. 北京：北京林业大学 .

刘佳，支玲 . 2013. 我国国有林场管理及改革文献研究综述 [J]. 中国林业经济（5）：10-12.

刘克勇，凡科军，丁丽丽，等 . 2018. 美加公有林经营管理及其对我国国有林改革的借鉴 [J]. 林业经济（2）：8-13.

刘敏，姚顺波 . 2012. 生态公益型国有林场事业化改革效果的经济分析：基于陕西省汉中市国有林场职工工资危困视角 [J]. 林业经济问题（1）：60-65.

刘庆新，于雷，侯春华，等 . 2018. 林业标准化工作现状分析与对策研究：以中国林业科学研究院为例 [J]. 中国标准化（7）：131-135.

刘勇，李智勇，叶兵，等 . 2008. 德国国有林经营管理体制改革及启示 [J]. 世界林业研究（4）：53-56.

伦丽珍 . 2005. 林业现代化的经济评价指标体系研究 [D]. 福州：福建农林大学 .

孟杰 . 2012. 我国林业标准化体系建设现状及对策 [J]. 现代农业科技（5）：232-234.

牛伟志 . 2012. 国有林场改革若干问题研究：以滨州市为例 [D].

山东大学.

逢锦聚.2018.改革开放与中国特色社会主义［J］.当代世界与社会主义（4）：14-20.

邱加荣.2007.国有林场森林资源管理存在的问题及对策［J］.绿色财会（1）：54-56.

谭学仁，王恩苓，唐小平，等.2012.日本森林经营与管理借鉴［J］.辽宁林业科技（1）：24-29.

唐小平，杜书翰.2013.国有林场发展战略研究［J］.林业经济（4）：11-15.

唐云云.2018.习近平要求构建这样的生态文明体系［EB/OL］.中国新闻网.［2018-05-24］/（2018-10-01）.http://www.chinanews.com/gn/2018/05-24/8521408.shtml.

田明华，王自力，李红勋.2008a.试论我国国有林场体制改革［J］.北京林业大学学报（社会科学版）（4）：54-59.

田明华，王自力，李红勋.2008b.试论我国国有林场体制改革［J］.北京林业大学学报（社会科学版）（4）：54-59.

涂琼，闫平，杨玲.2017.我国国有林场特色产业发展动态分析及对策［J］.林业资源管理（6）：16-19.

王春风，张辰利，张锁成，等.2015.国有林场发展趋势与改革的必要性分析［J］.河北林业科技（1）：53-56.

王伟，庞家举，尚群松.2010.浅谈国有林场产业的发展能力［J］.中小企业管理与科技（下旬刊）（5）：119.

王希全.2018.国有林场信息化建设中存在的问题及其对策分析［J］.南方农业（26）：178-179.

王雨，李忠魁.2018.国内外林业标准化研究概览［J］.中国标准化（13）：72-76.

王志鹏.2018.林业标准化研究文献统计分析［J］.吉林农业

（19）：104-105.

王子晖．2018.新时代推进生态文明建设，习近平要求这样干［EB/OL］.新华网．［2018-05-19］.（2018-10-01）.http：//www.xin-huanet.com/politics/xxjxs/2018-05/19/c_ 129876489.htm.

吴守蓉，张臻．2015.亚洲部分国家林权制度改革实践与启示［J］.世界林业研究（1）：73-79.

谢第斌．2016.基于主体功能区规划的国有林场分类研究［D］.北京：北京林业大学.

徐高福．2016.现代国有林场建设目标与等级评价体系研究：以浙江省淳安县林业总场为例［J］.中国林业经济（6）：5-9.

闫平．2018.中国国有林场改革的进展与挑战［J］.林业资源管理（3）：15-18.

严青珊，田明华，贺超，等．2014.关于我国国有林场经营管理体制的改革构想［J］.林业经济（11）：10-16.

易爱军．2011.我国国有林场贫困问题的理论分析与实证研究［D］.北京：北京林业大学.

张国庆．2012.林业标准化基本原理研究［J］.现代农业科技（1）：223-224.

张建龙．2018.坚持新思想引领 推动高质量发展 全面提升新时代林业现代化建设水平：在全国林业厅局长会议上的讲话［EB/OL］.中国林业网．［2018 a -01-17］/（2018-11-14）.http：//www.forestry.gov.cn/main/325/20180117/1093760. html.

张建龙．2018.全面开启新时代林业现代化建设新征程［EB/OL］.中国林业网．［2018b-02-13］/（2018-11-14）.http：//www.forestry.gov.cn/main/325/20180213/1077762. html.

张维迎．2004.博弈论与信息经济学［M］.上海：上海人民出版社.

张周忙，蒋亚芳，管长岭 . 2010. 日本国有林管理对我国的启示 [J]. 林业资源管理（6）：129-136.

张周忙，李建锋 . 2015. 赴日本、韩国国有林管理考察报告 [J]. 林业经济（3）：123-128.

周旭昌 . 2014. 国有林场改革存在的问题与发展对策研究 [J]. 中国林业经济（3）：40-43.